Mis fractales favoritos
Tomo 2
por David E. McAdams

Las imágenes de este libro se crearon con Fractal Forge. Fractal Forge se puede descargar desde https://sourceforge.net/projects/fractalforge/.

Copyright 2021, Life is a Story Problem, LLC. Reservados todos los derechos. Ninguna parte de este documento puede copiarse, reproducirse o almacenarse de ninguna manera sin el consentimiento expreso por escrito del titular de los derechos de autor.

Otros libros de David E. McAdams

Colores de Loros – Introducción para los niños de colores en el mundo natural. Para preescolares.

Colores de las flores – Introducción para los niños de colores en el mundo natural. Para preescolares.

Formas – Una introducción visual a formas geométricas. Para niños de 4-7.

Números – Una introducción al concepto de números. Para los grados K-2.

Lo que es más grande que cualquier cosa? (Infinito) – Una introducción al concepto de infinito. Para los grados 3-6.

Conjuntos de columpios – Una introducción a la teoría del conjunto. Para los grados 2-4.

Kit de actividades de aprendizaje con dinero – Aprenda grandes números y contando con más de $1,000,000 en dinero de juego.

Mis fractales favoritos (tomos 1, 2) – Libros ilustrados de fractales maravillosos presentados como imágenes de alta resolución. Para todas las edades.

Los primeros millones de dígitos de Pi – Los primeros millones de dígitos de Pi. Para todas las edades.

Desarrollos des poliedros - Libro del proyecto – 80 desarrollos des poliedros para copiar, cortar y grabar en cinta adhesiva en poliedros tridimensionales. Para edades de 9 años en adelante.

Para obtener una lista actualizada, consulte www.DEMcAdams.com.

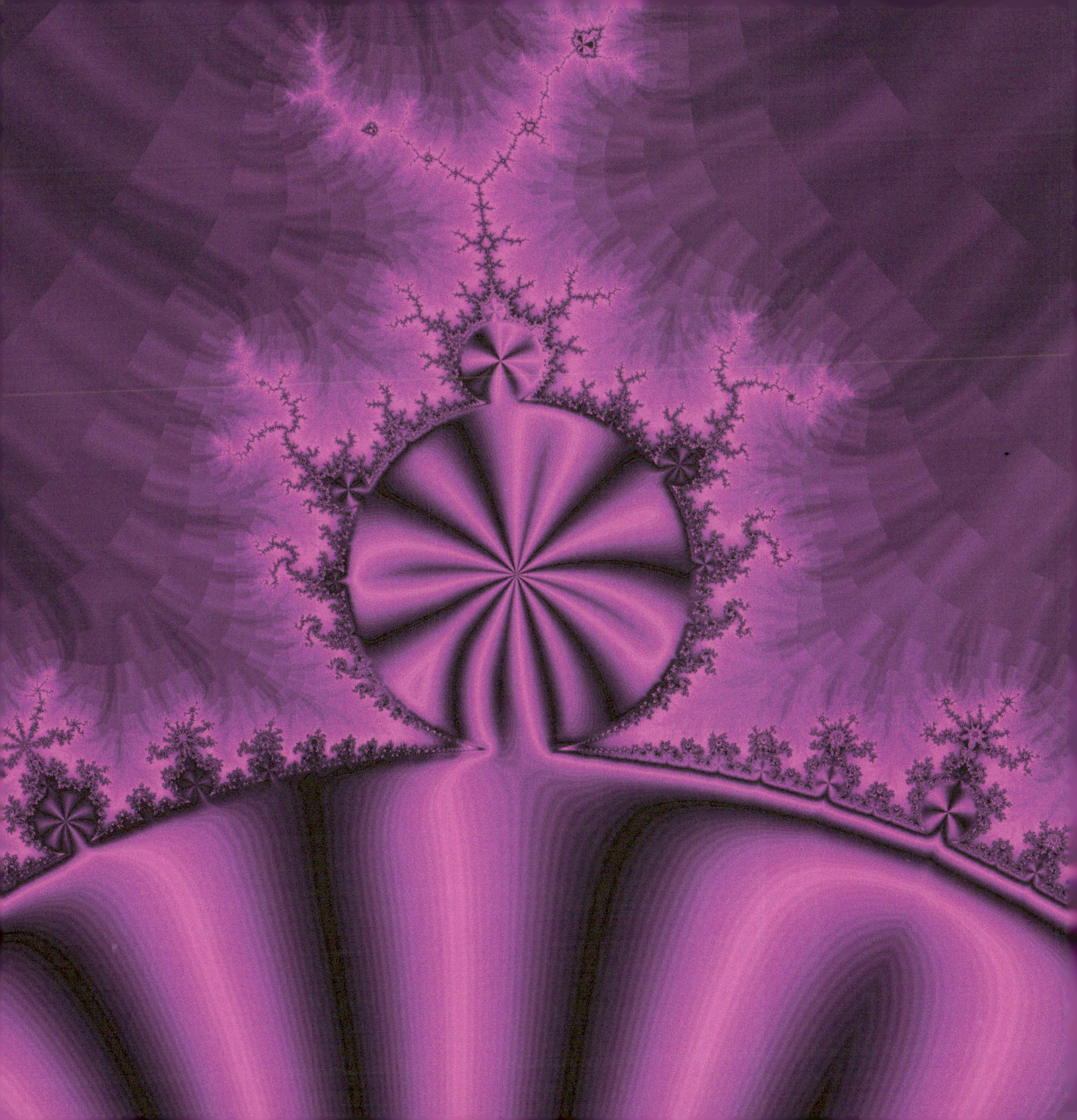

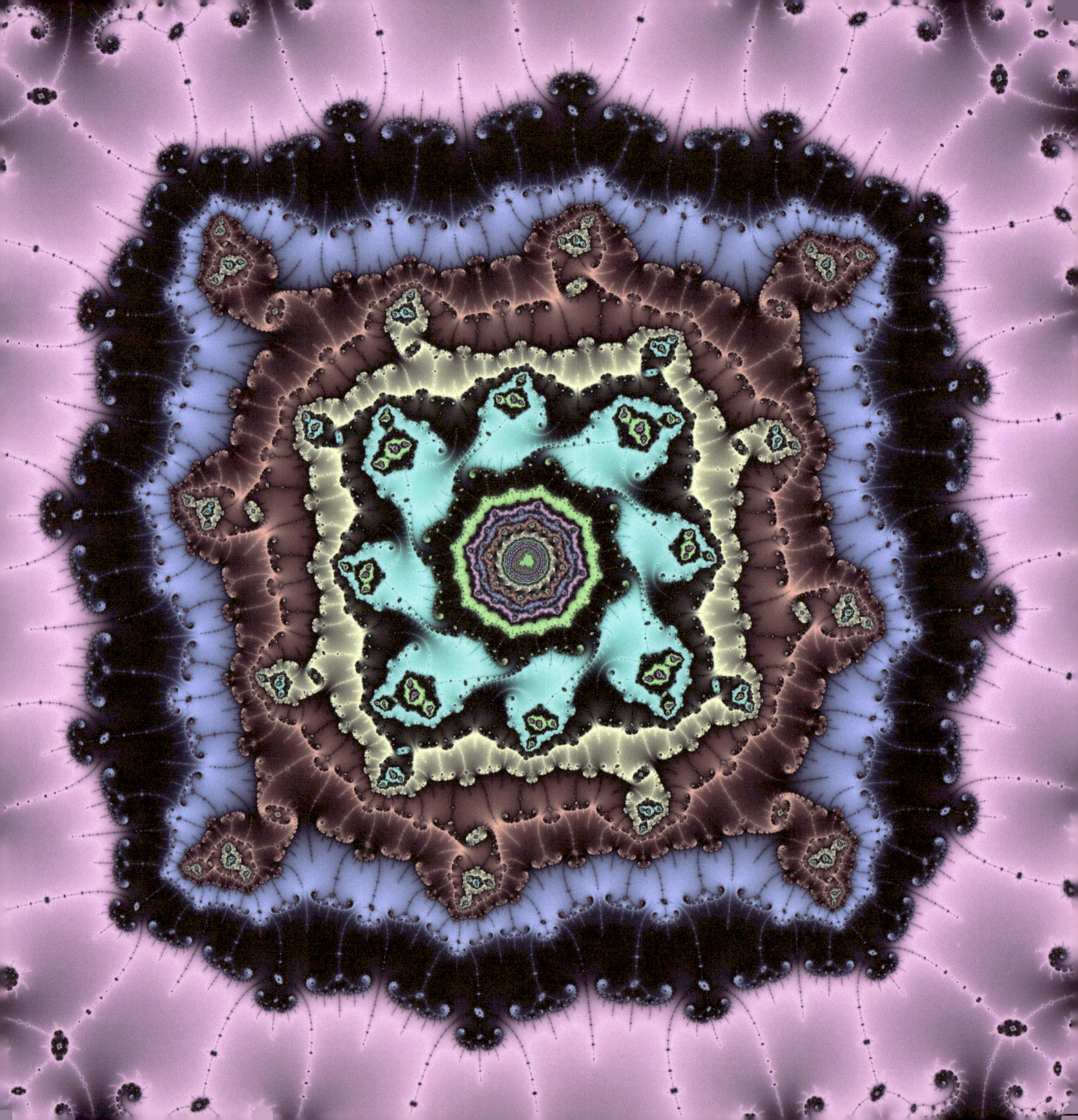

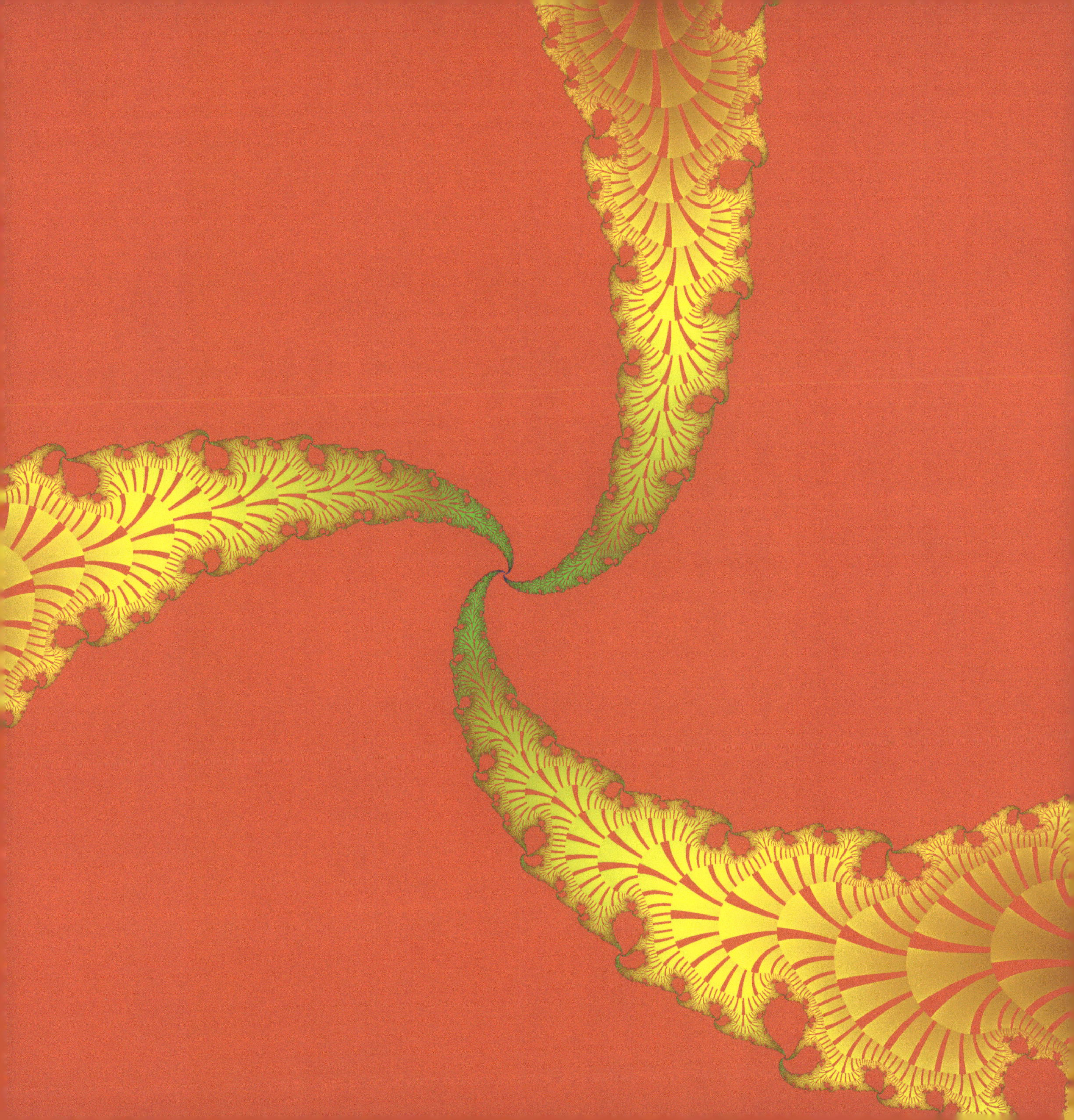

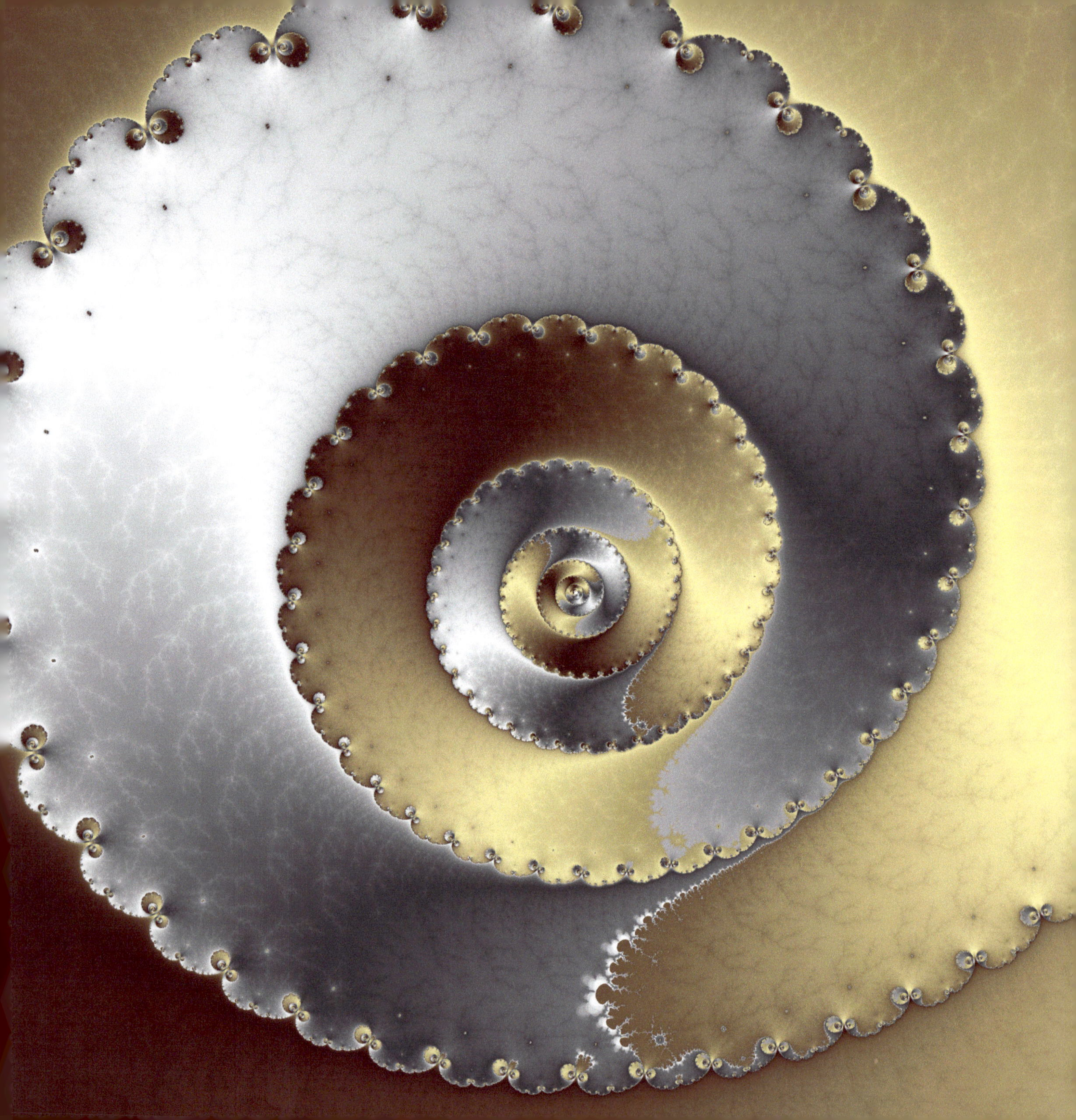

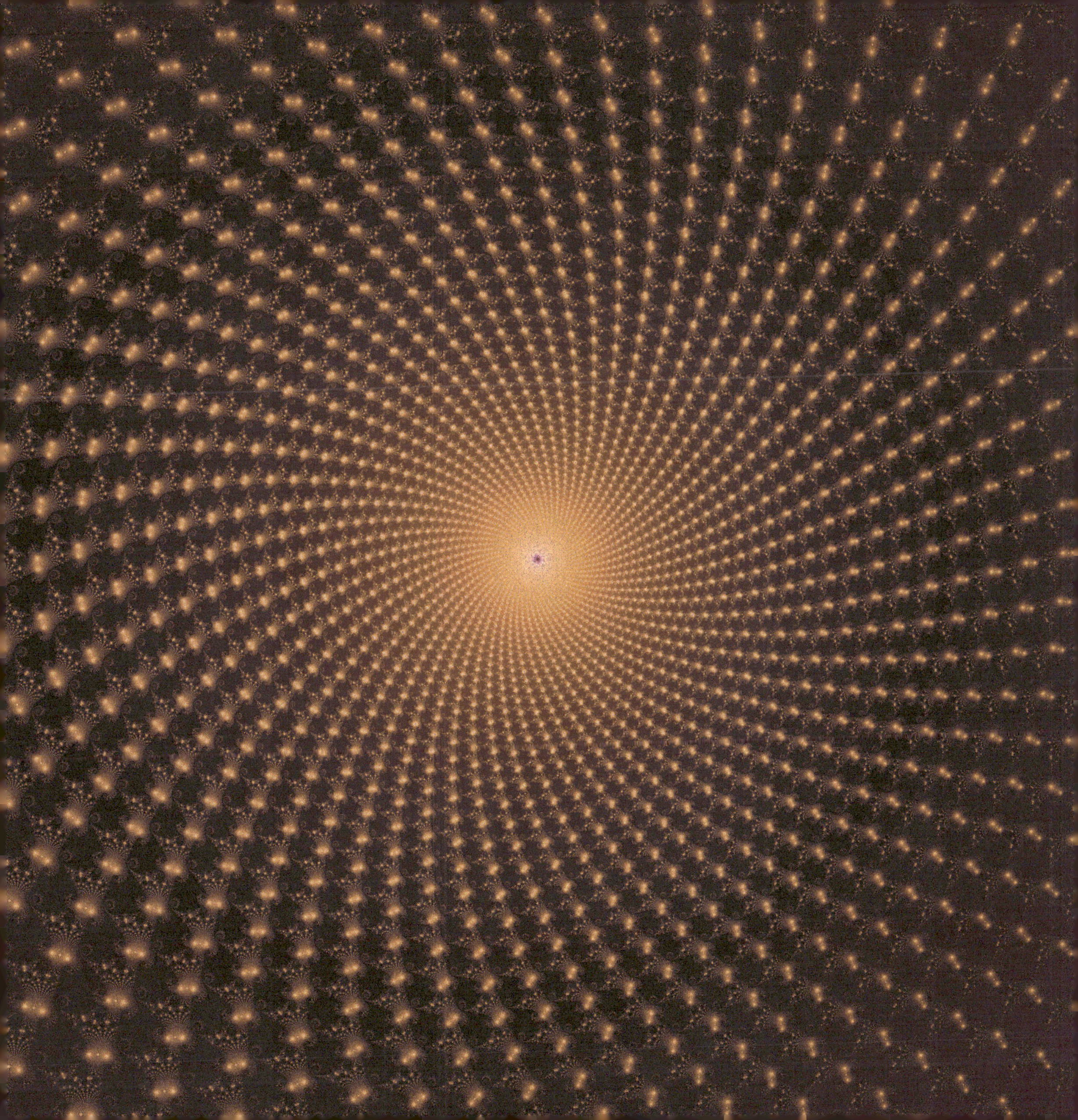

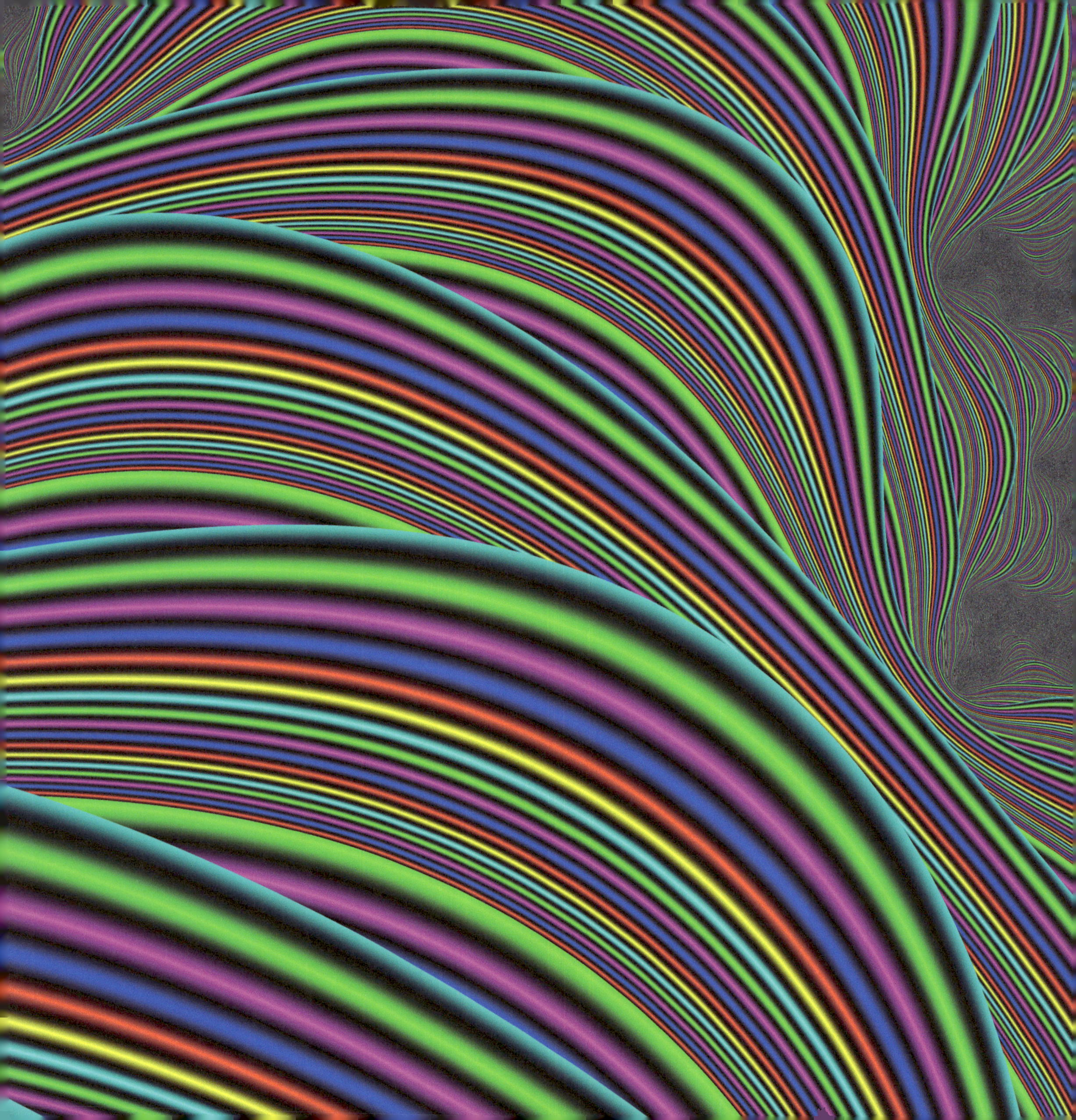

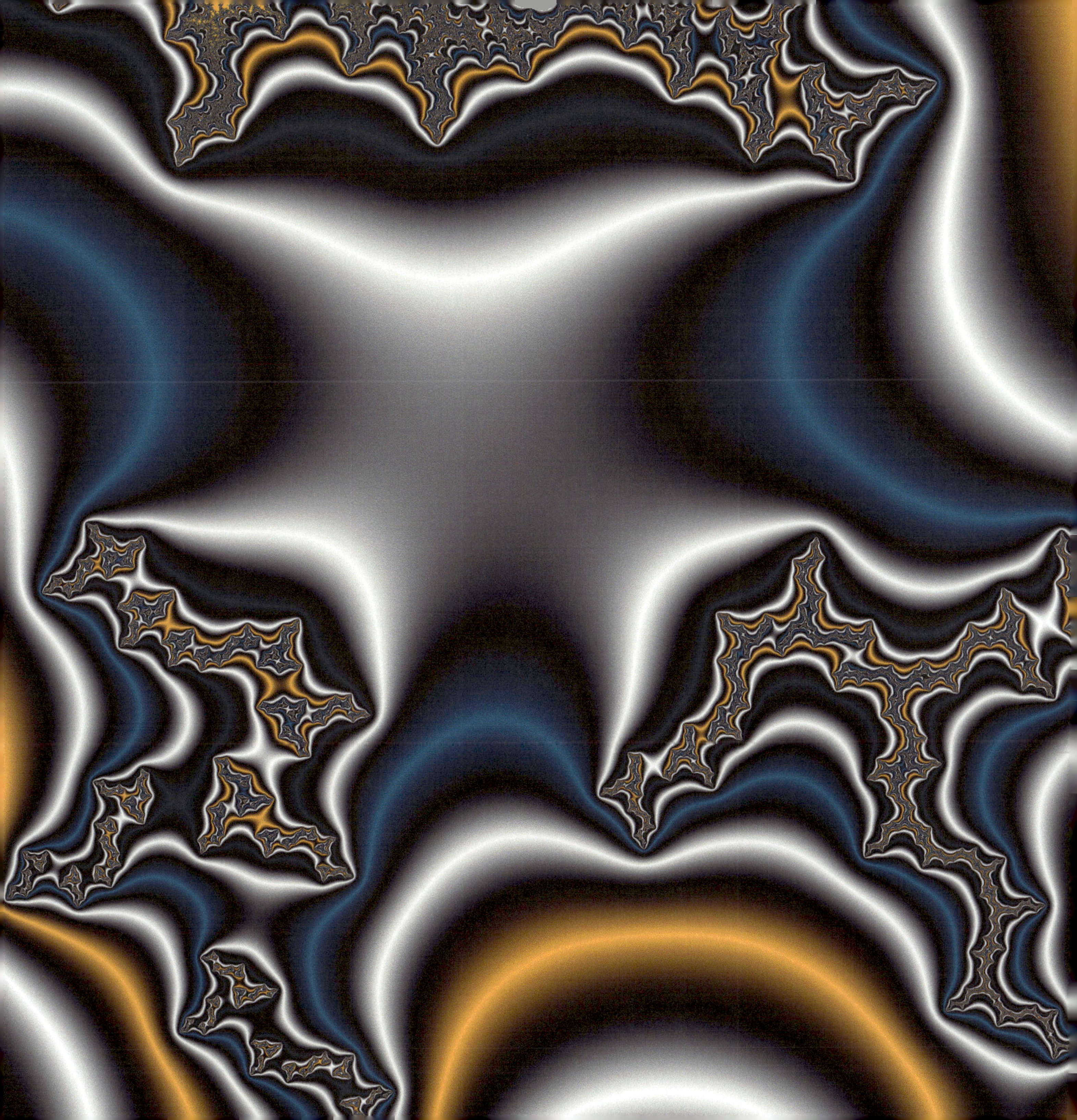

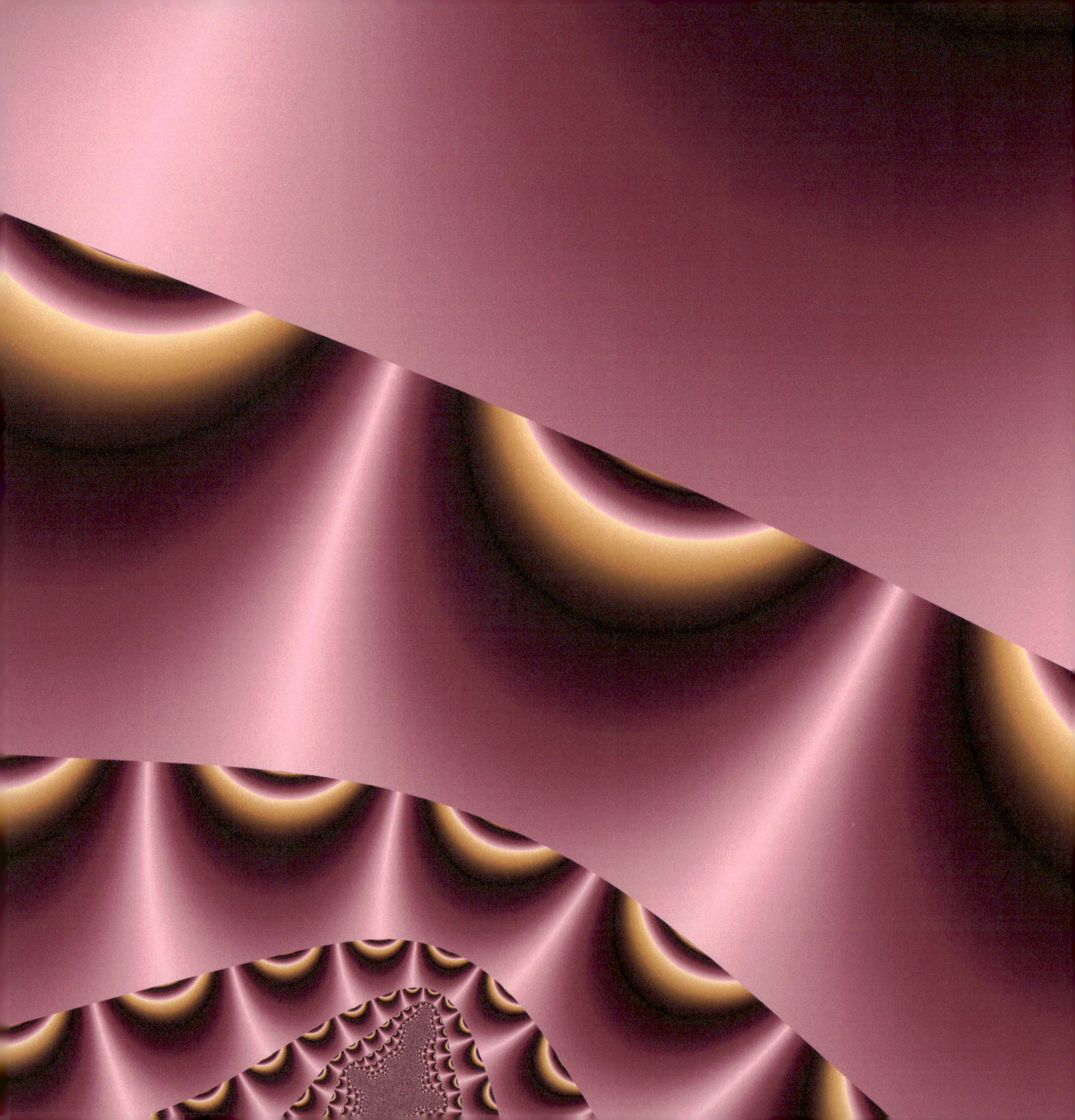

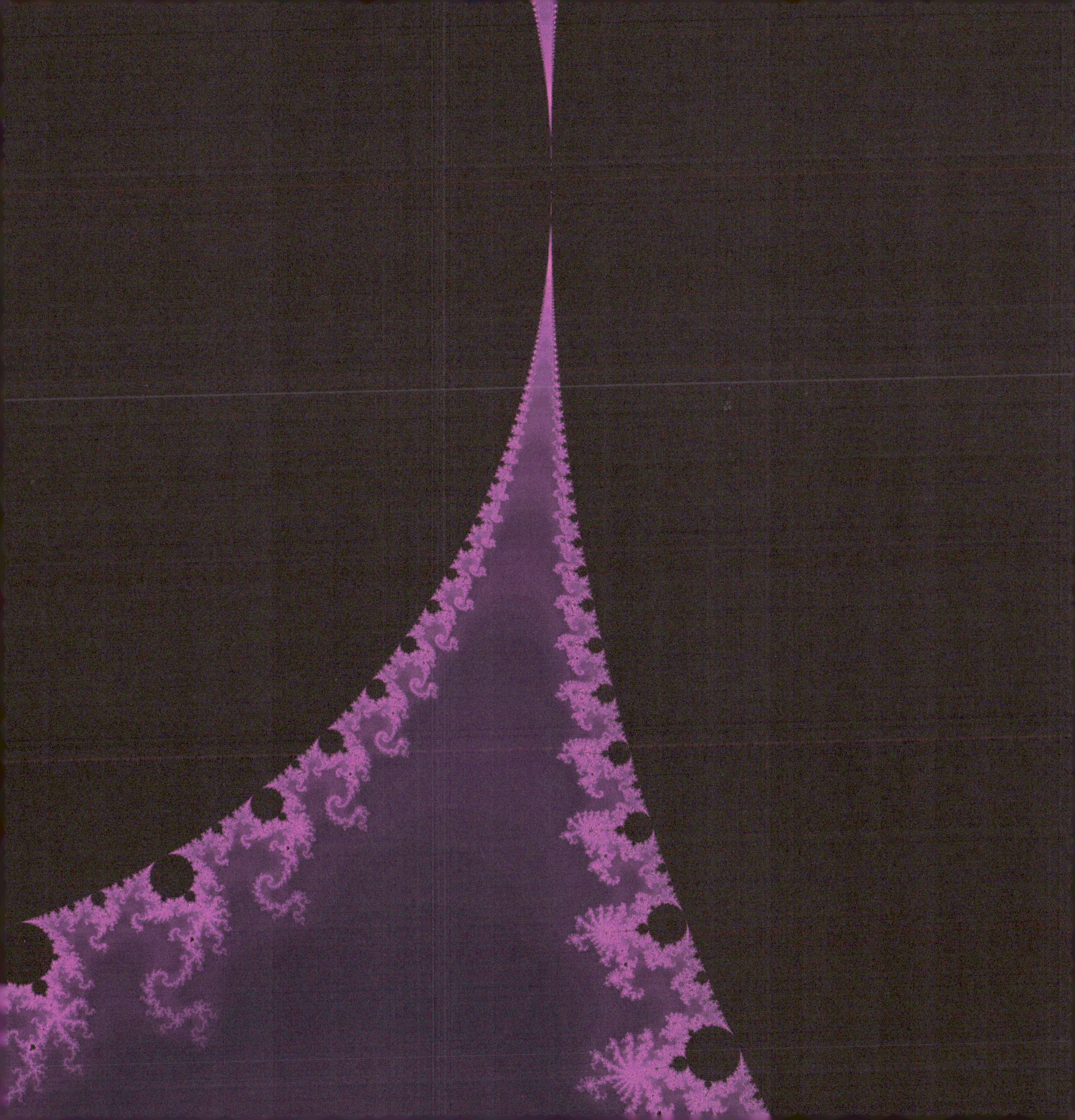

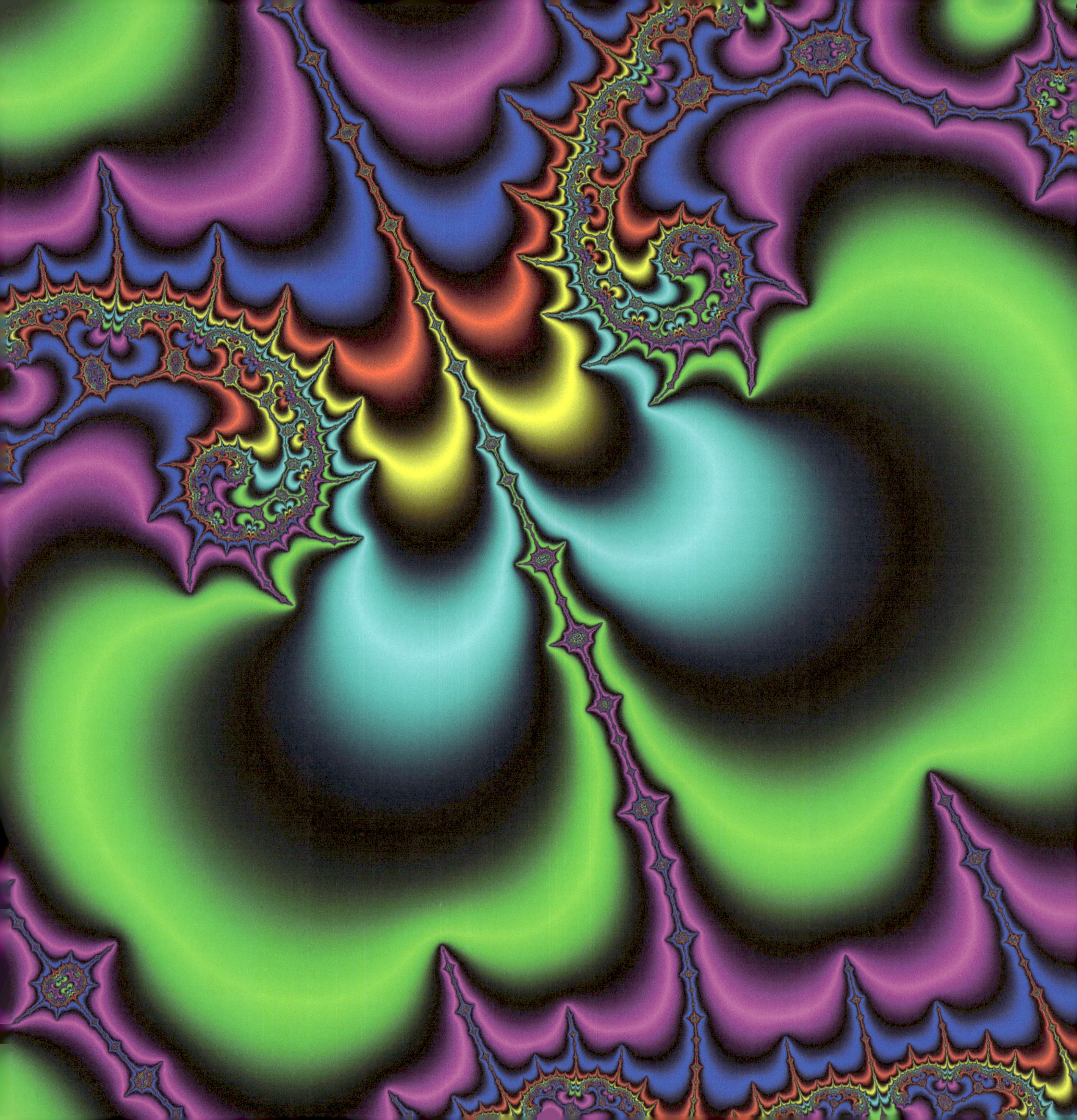

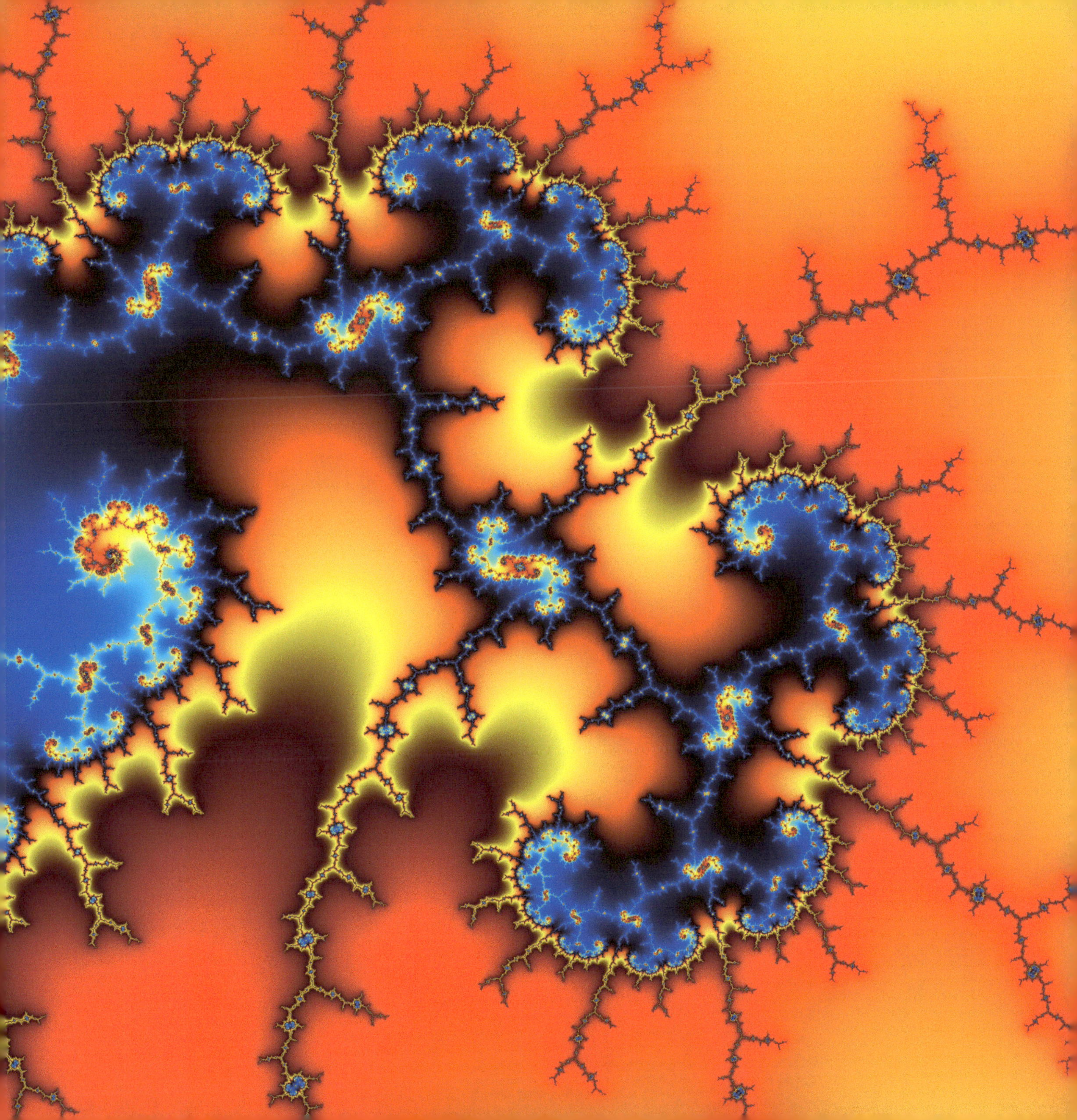

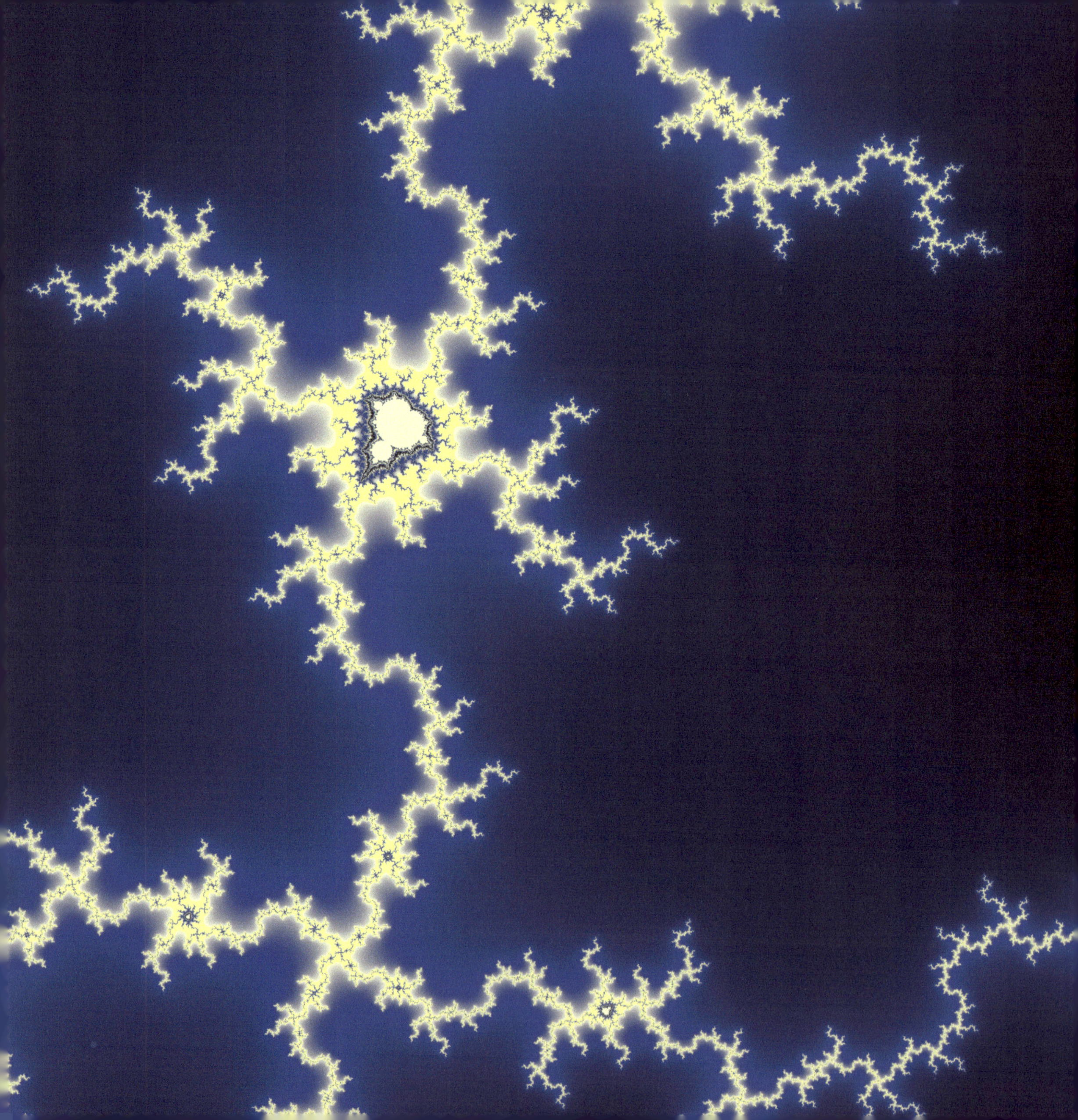

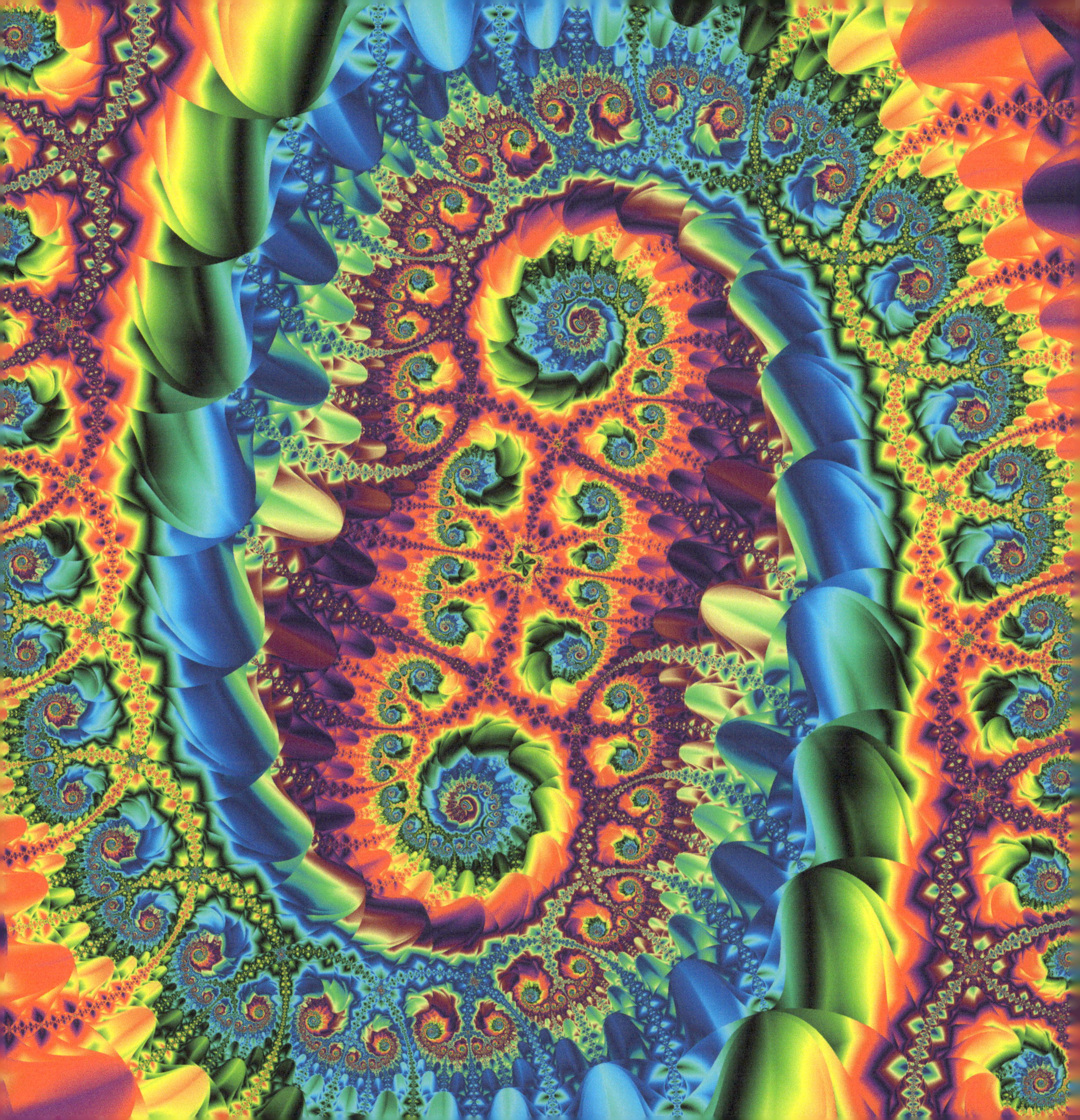

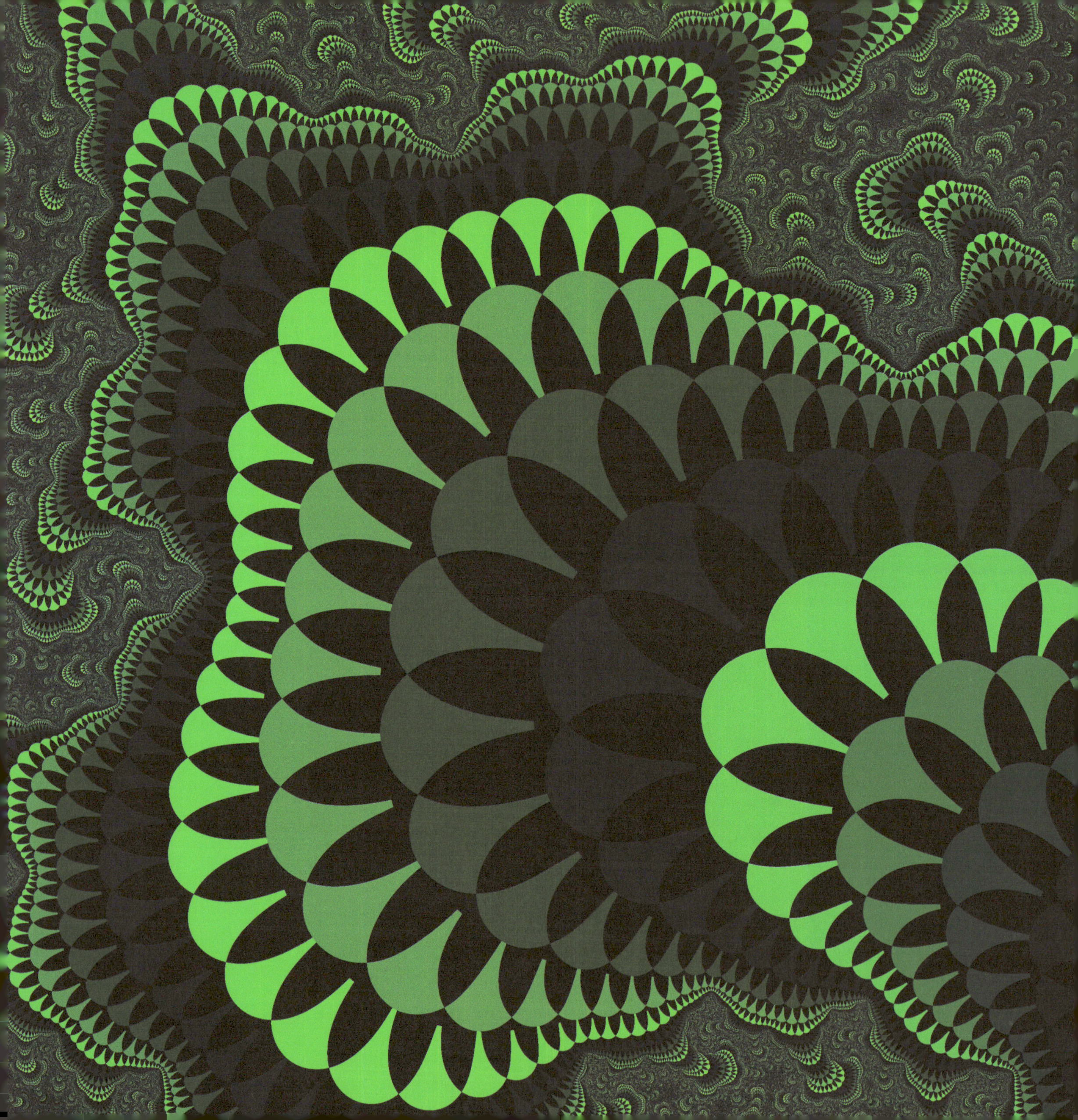

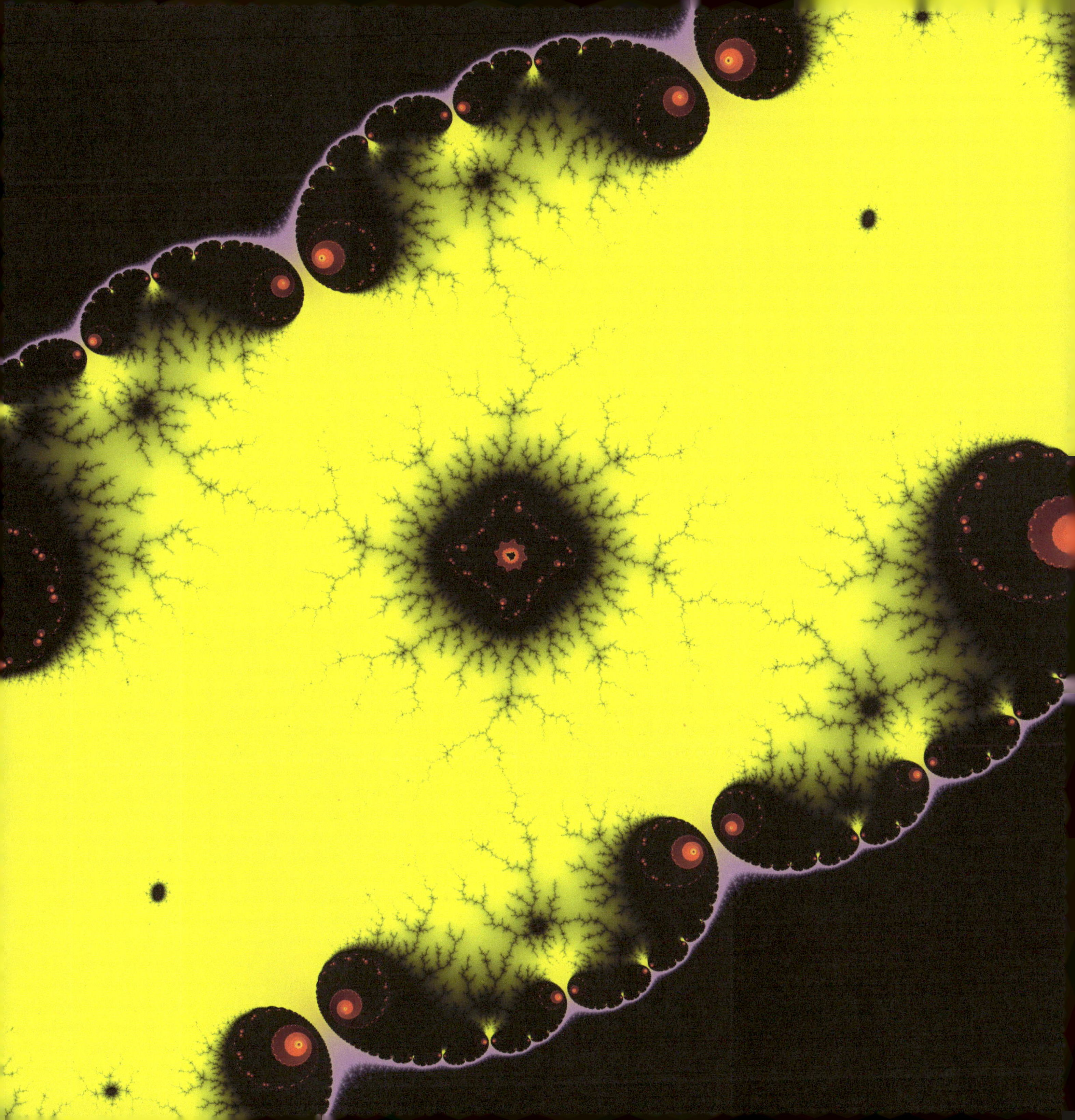

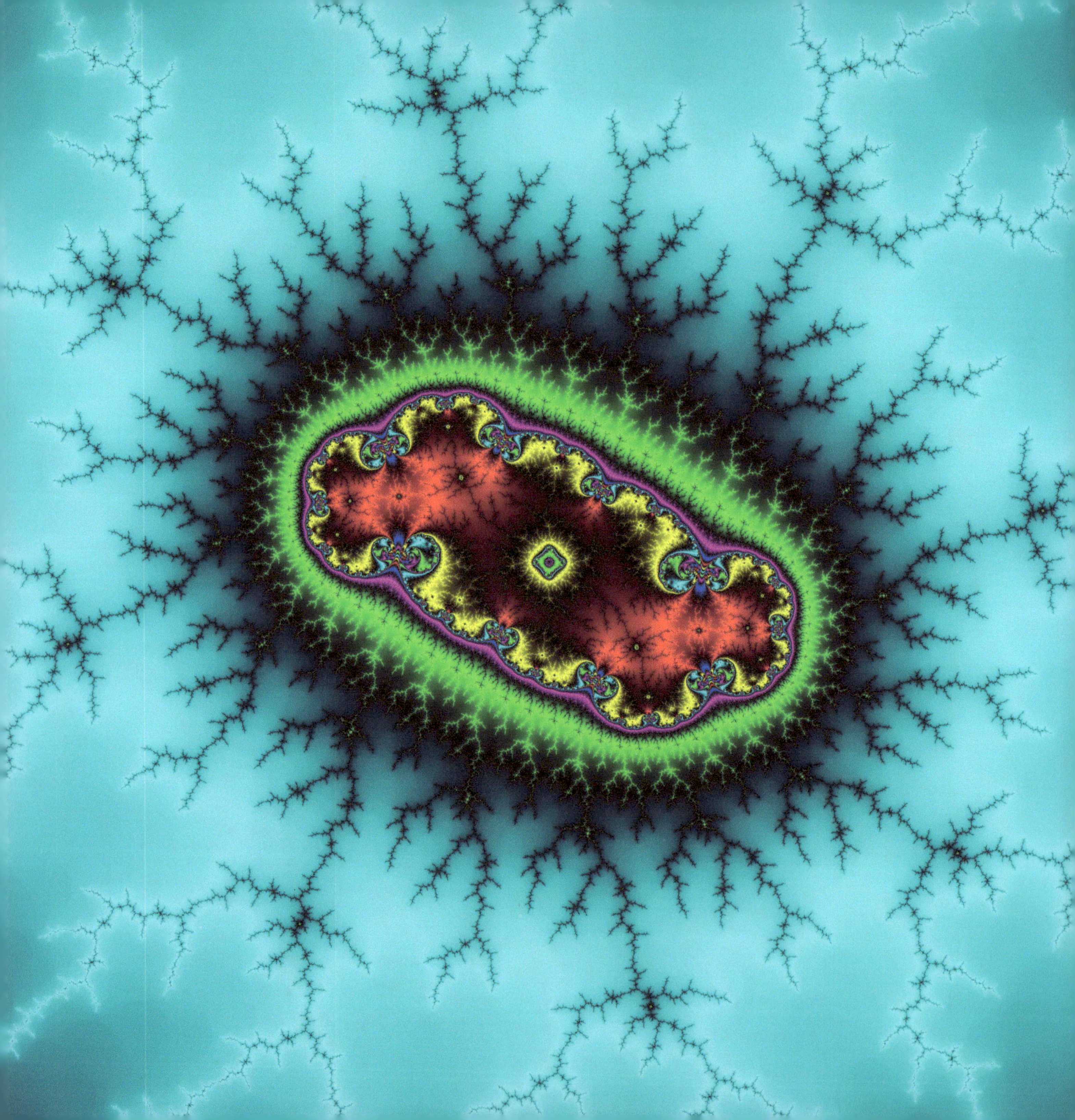

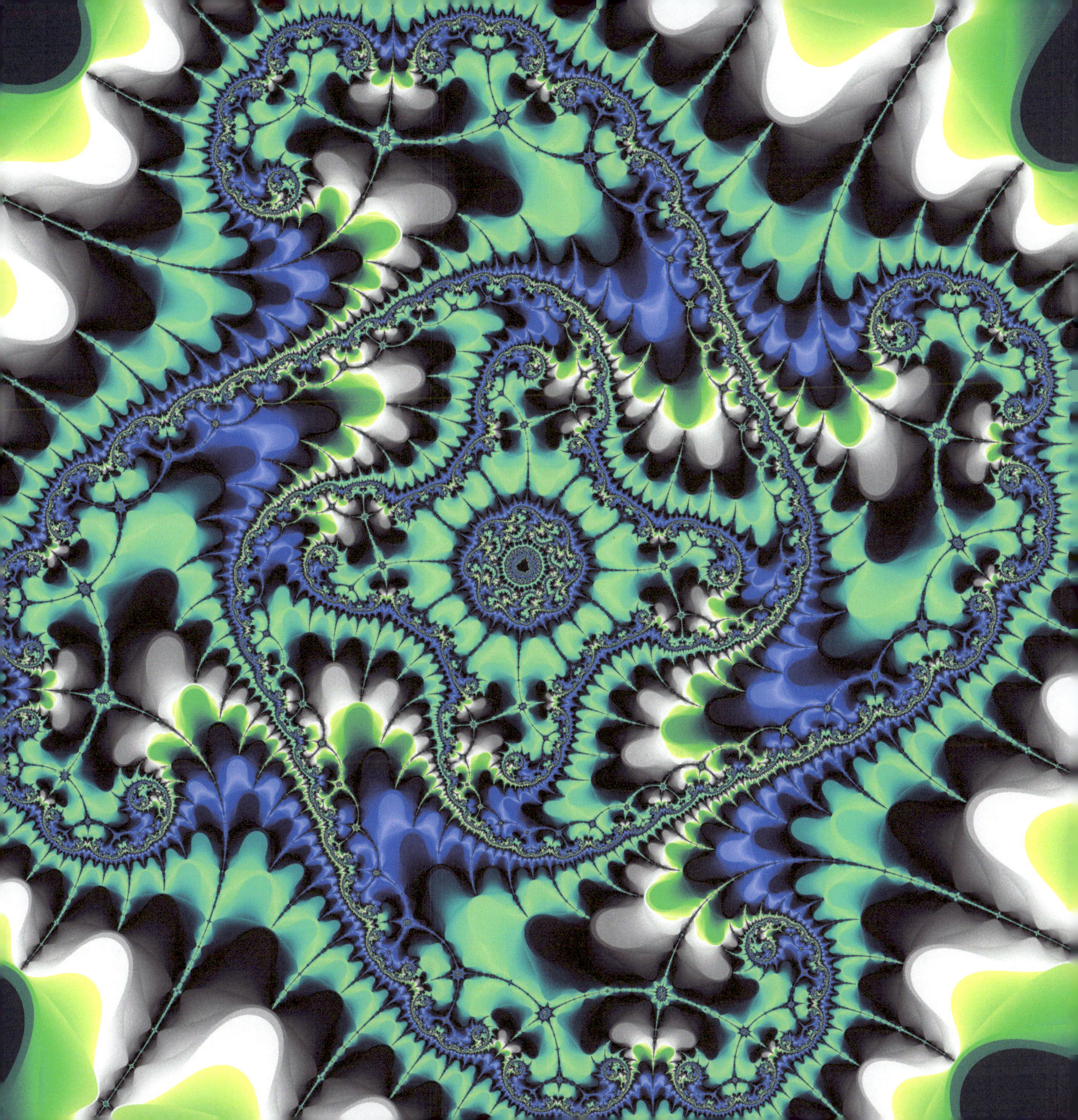

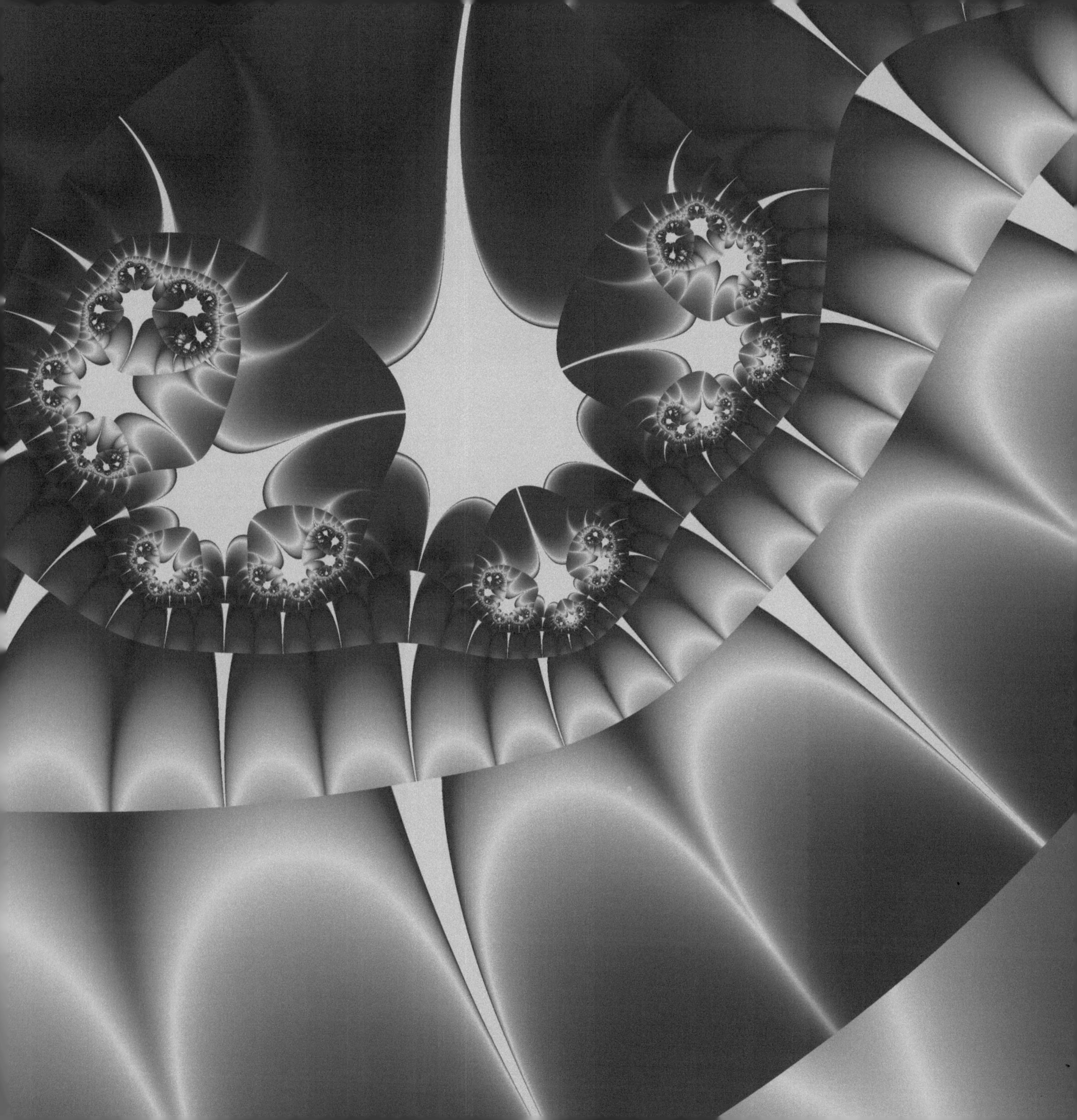

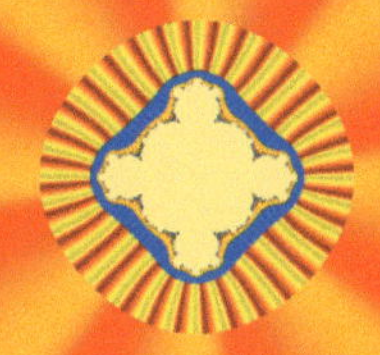

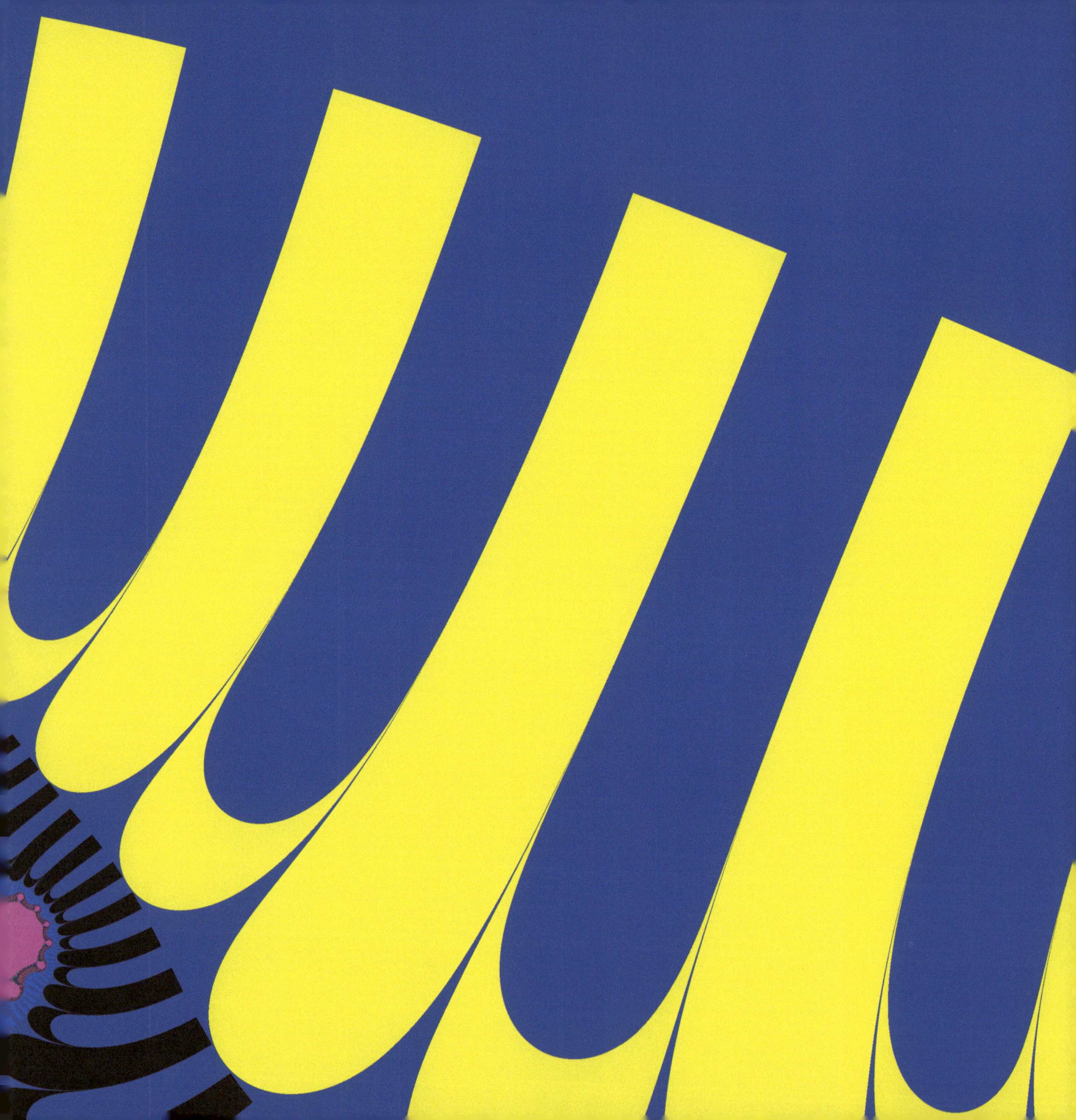

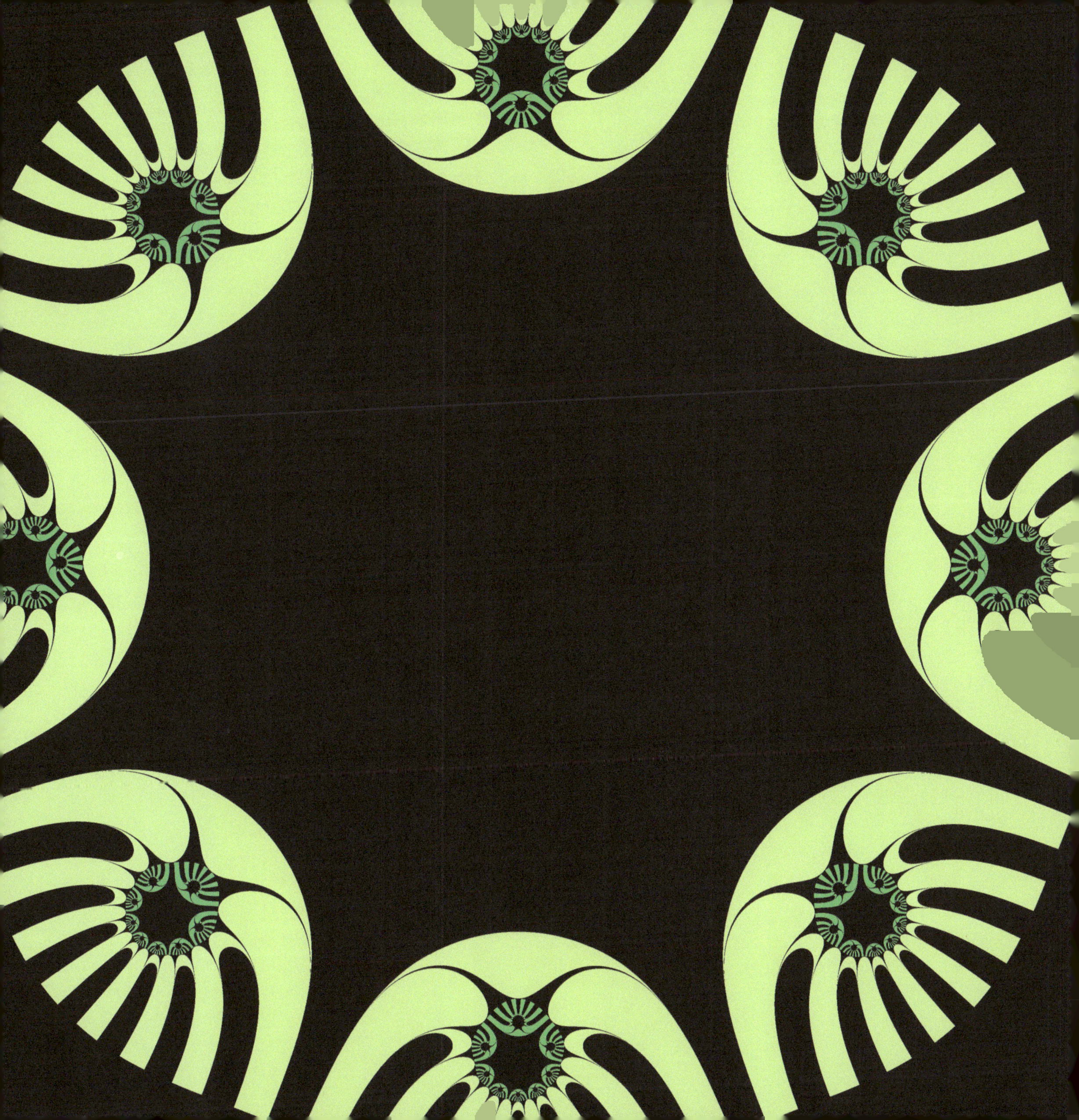

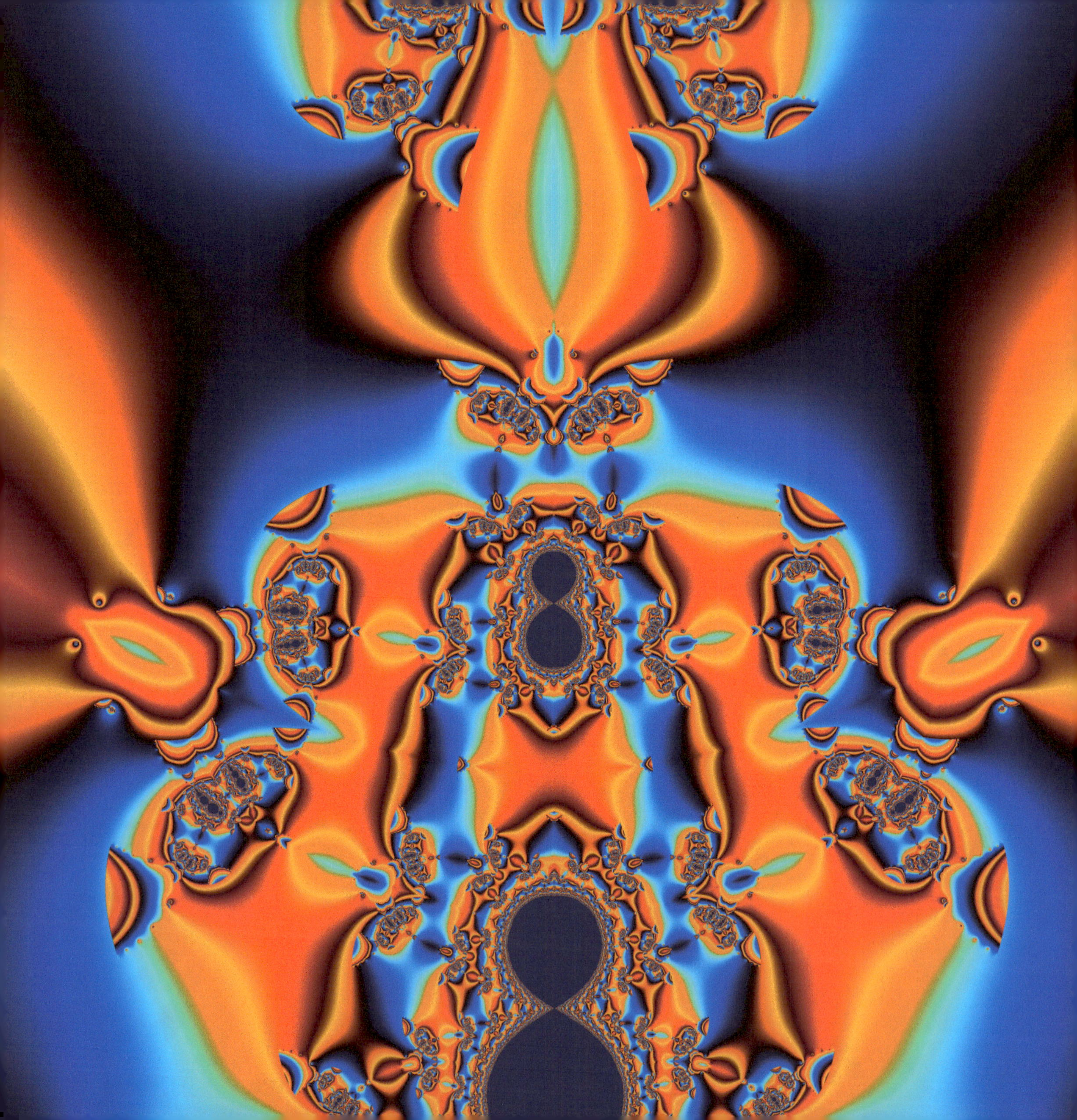

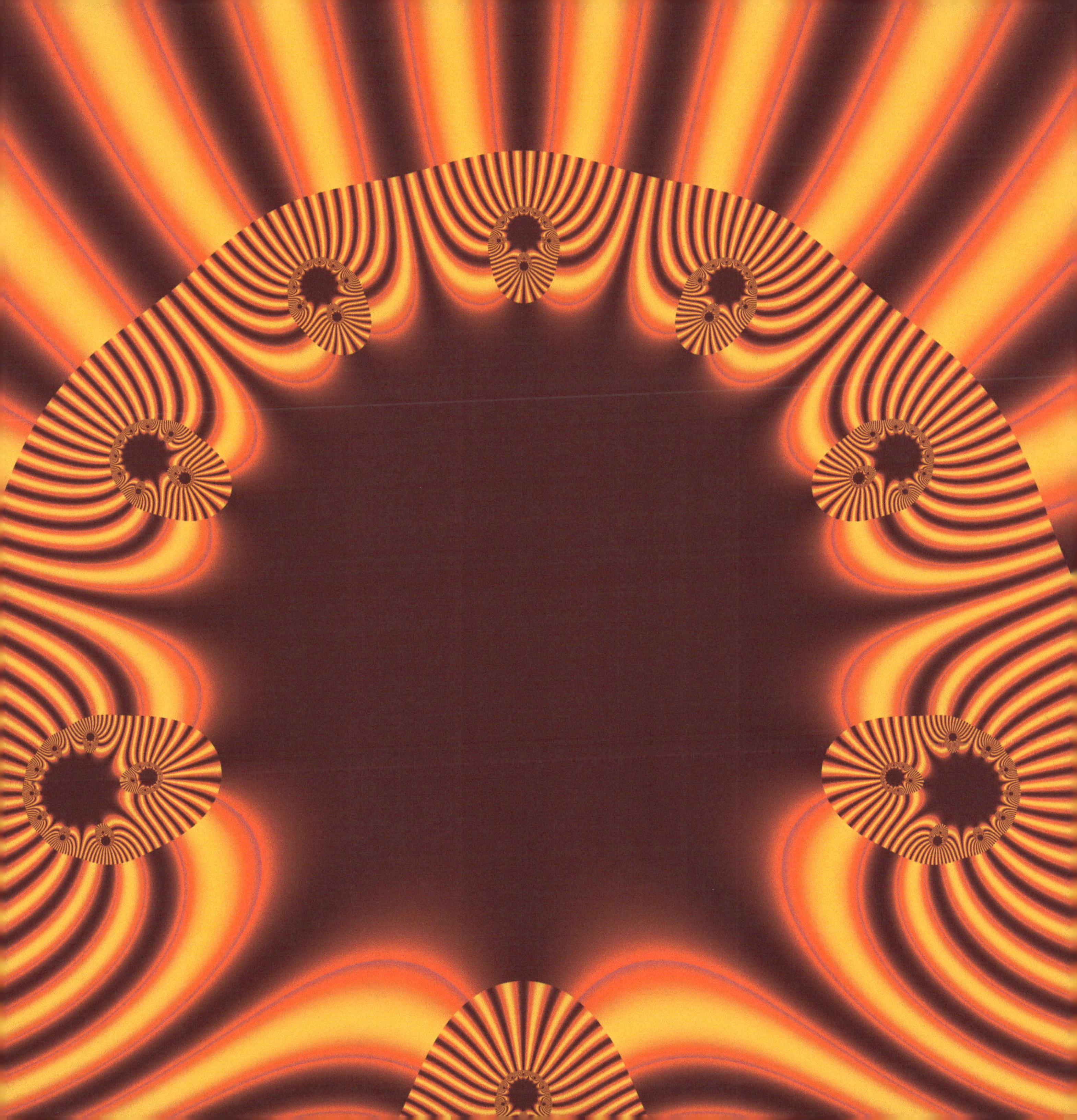

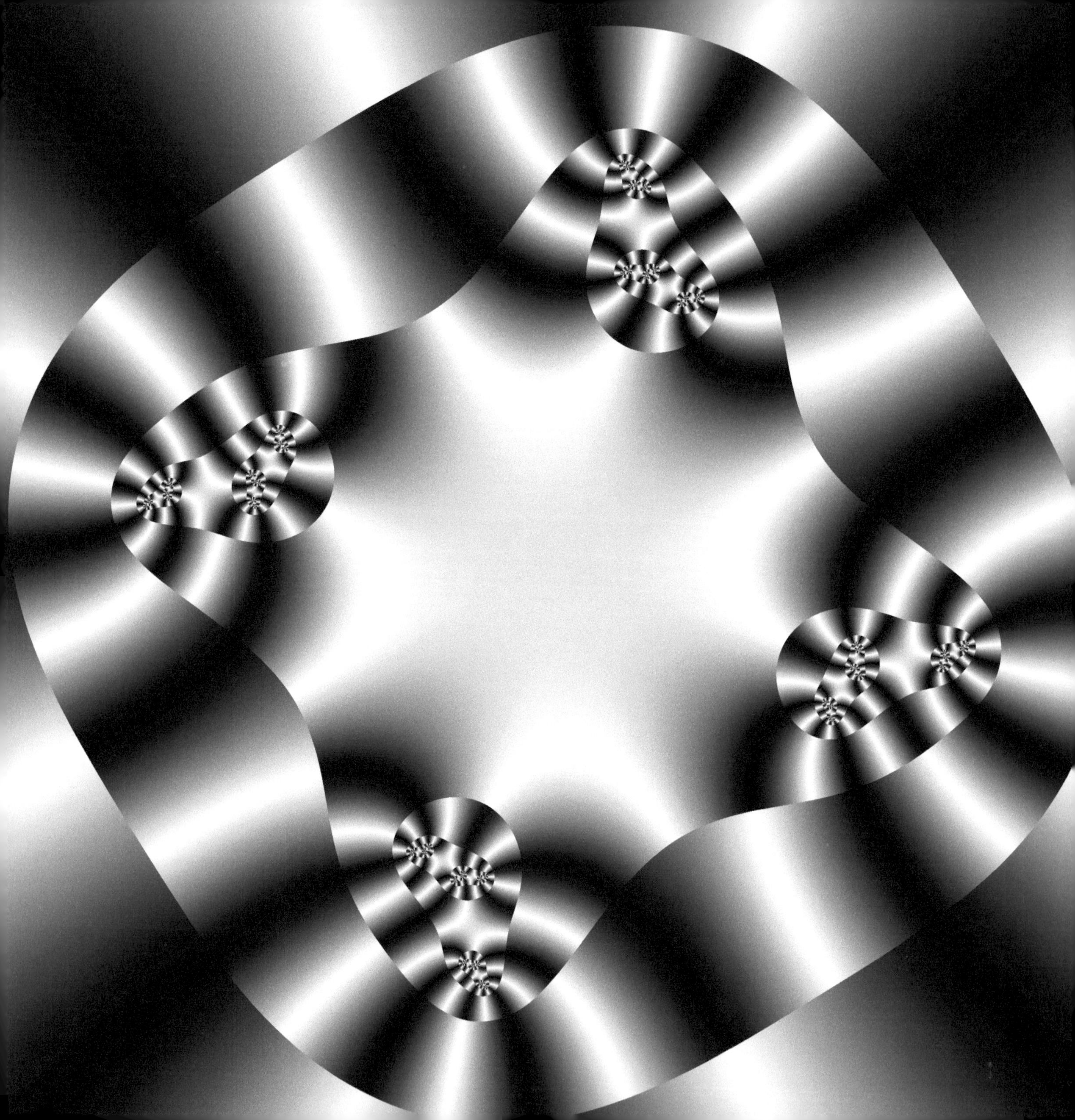

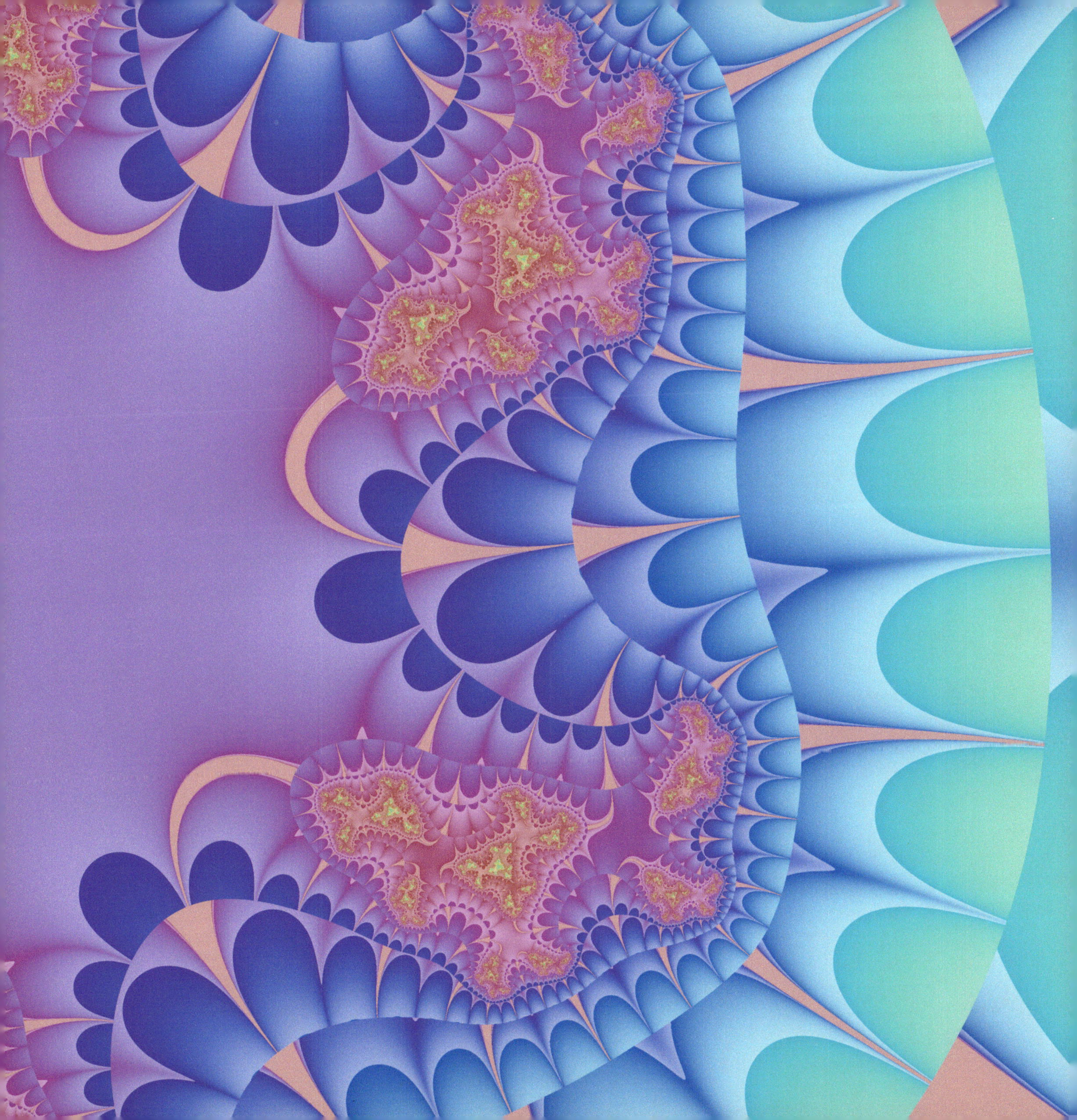

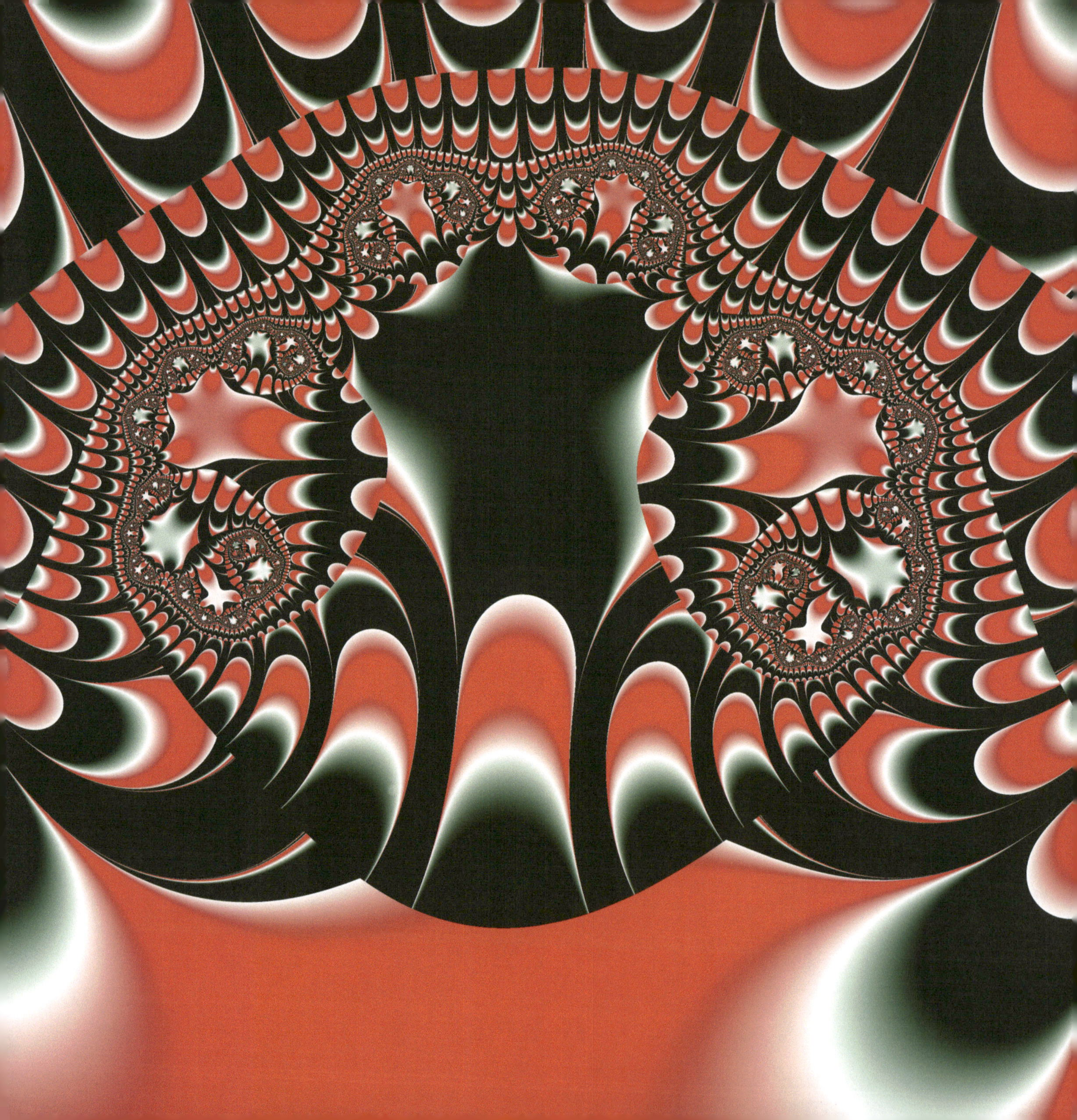

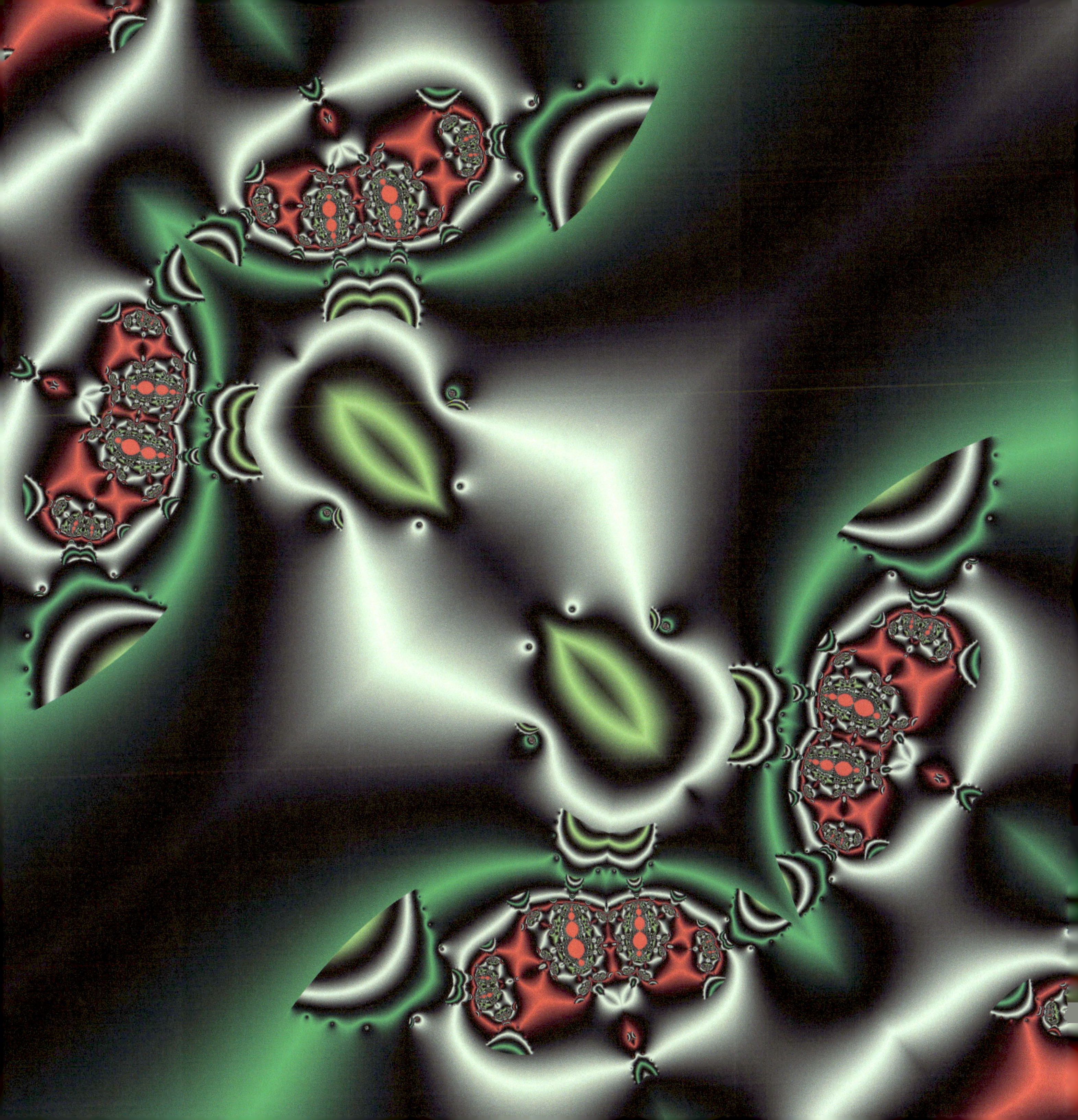

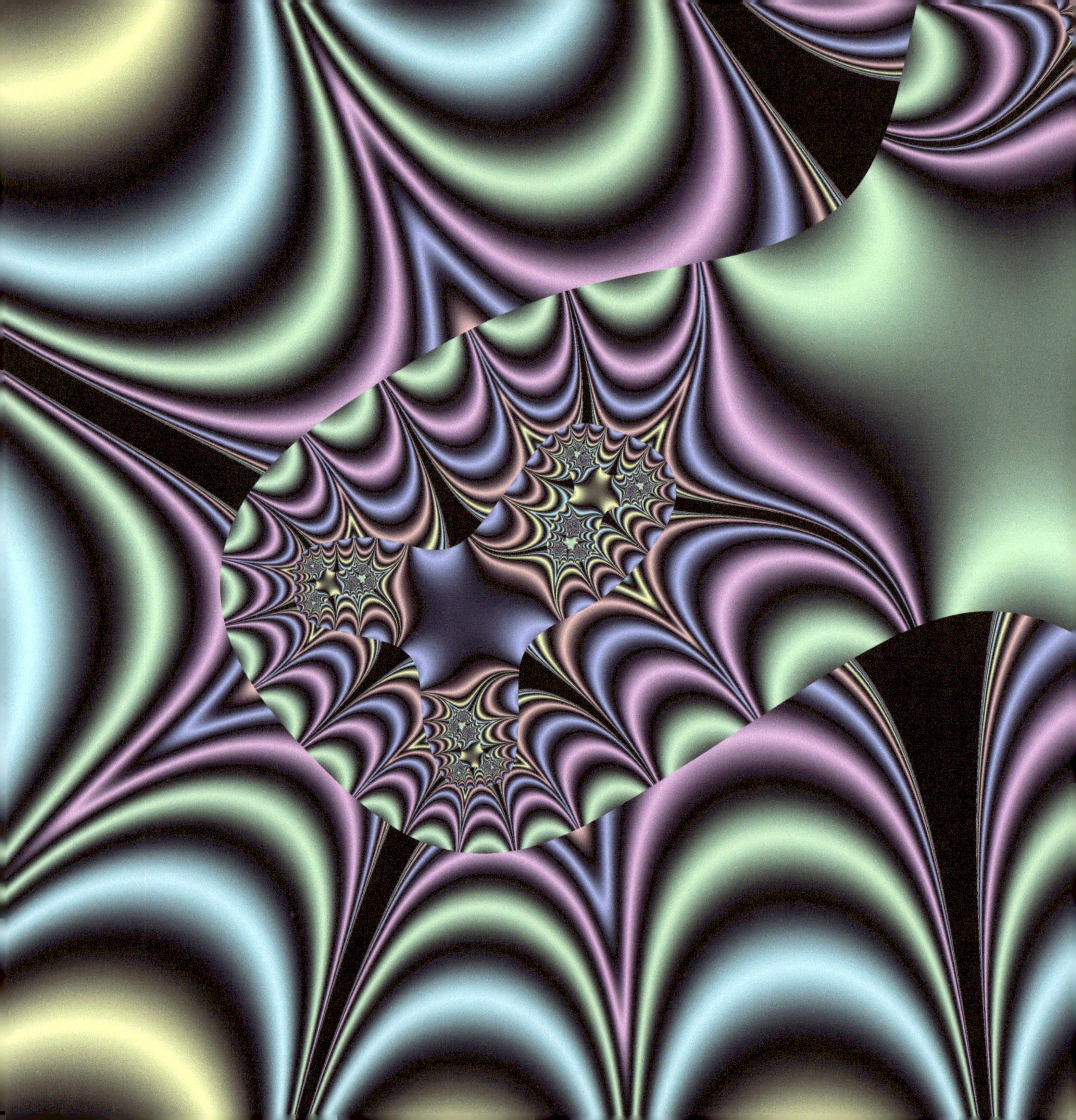

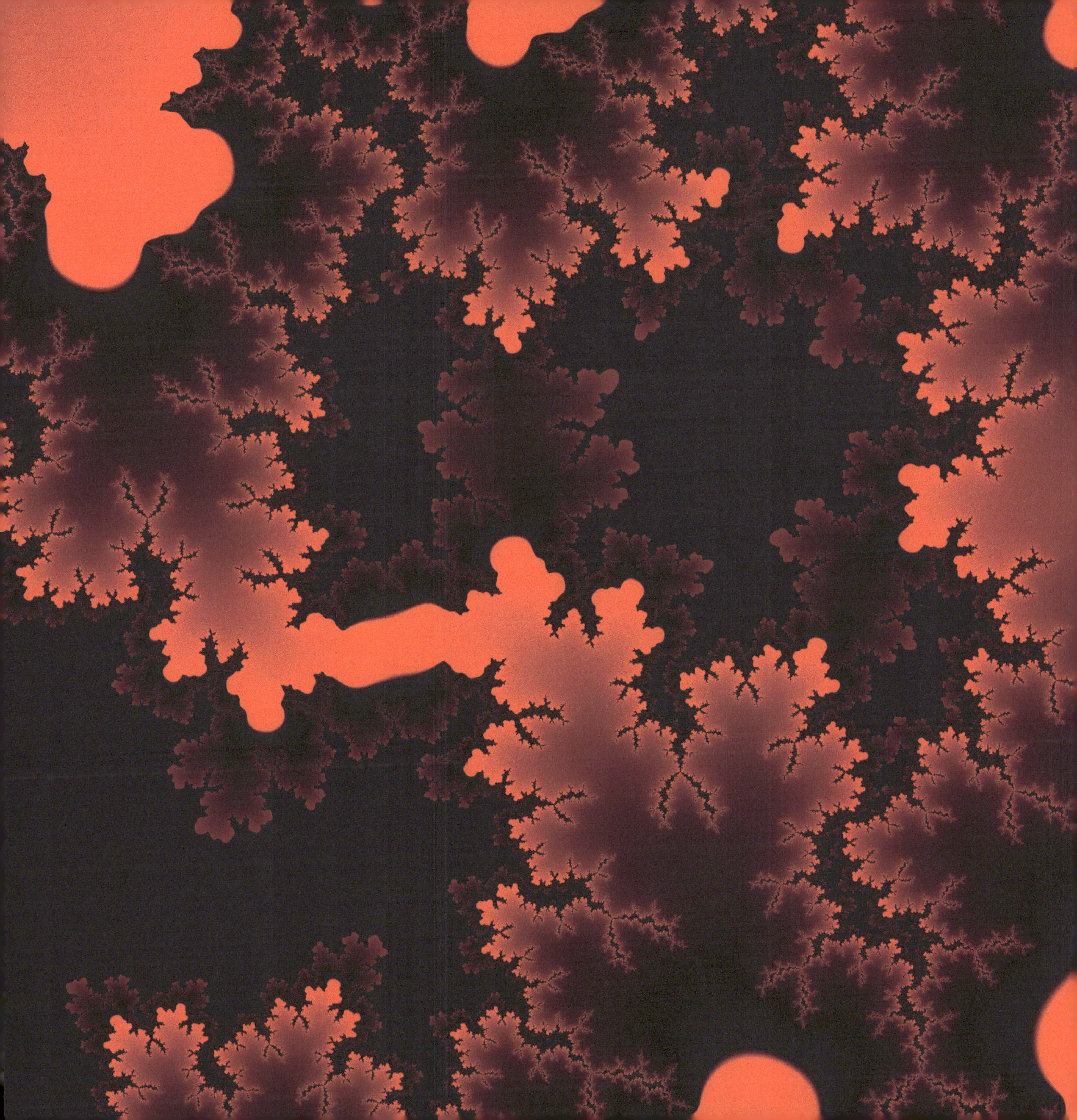

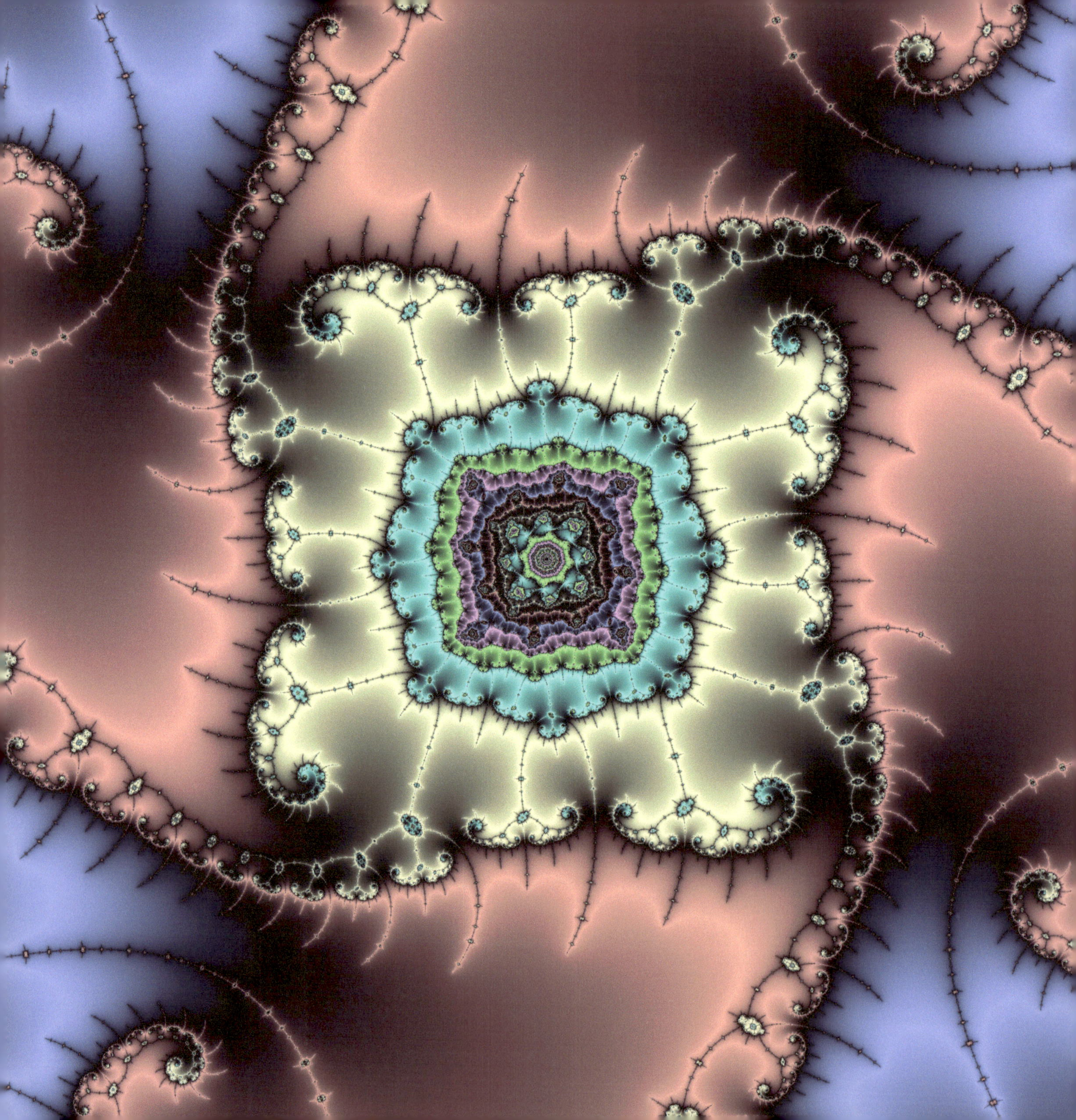

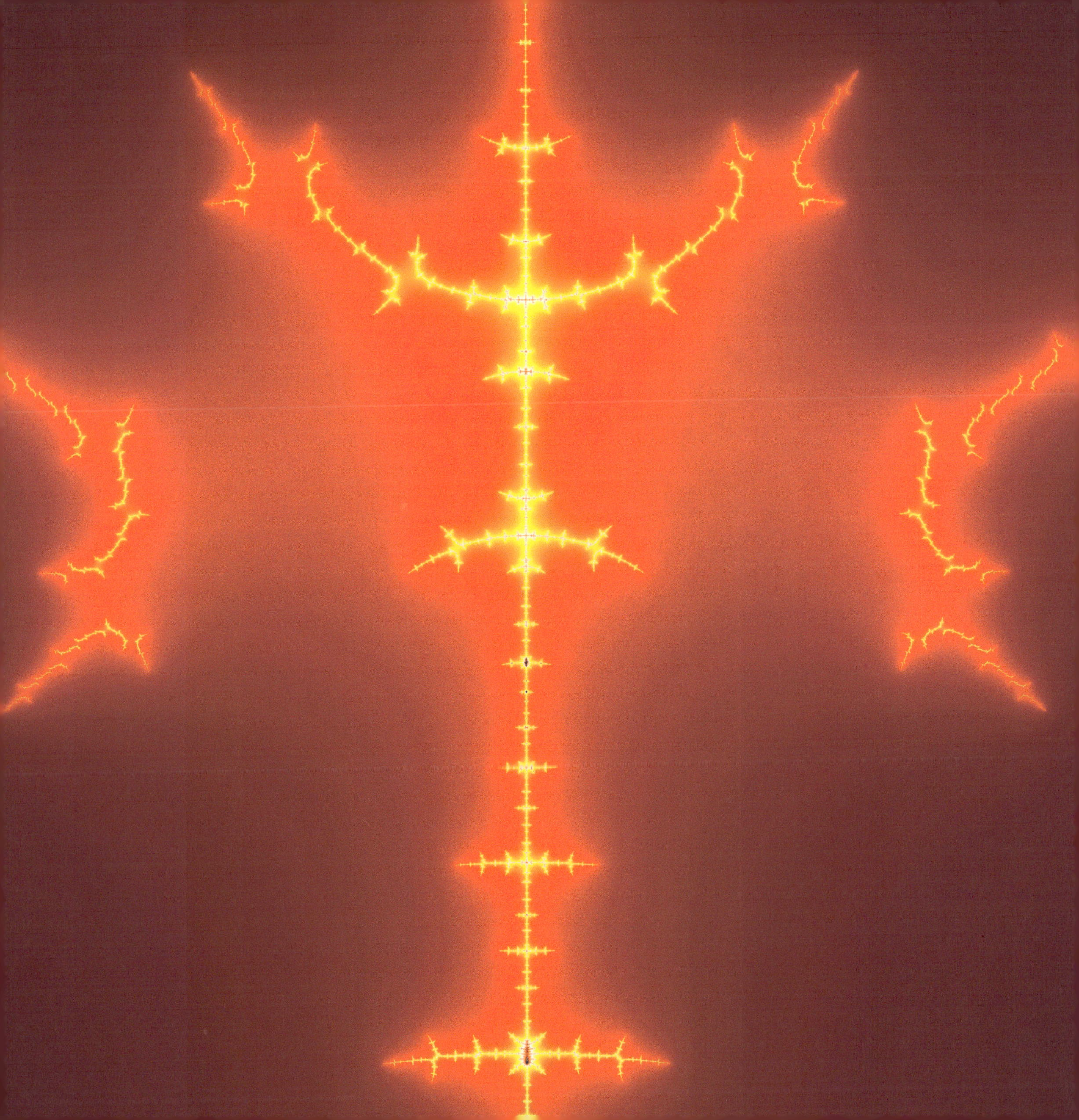

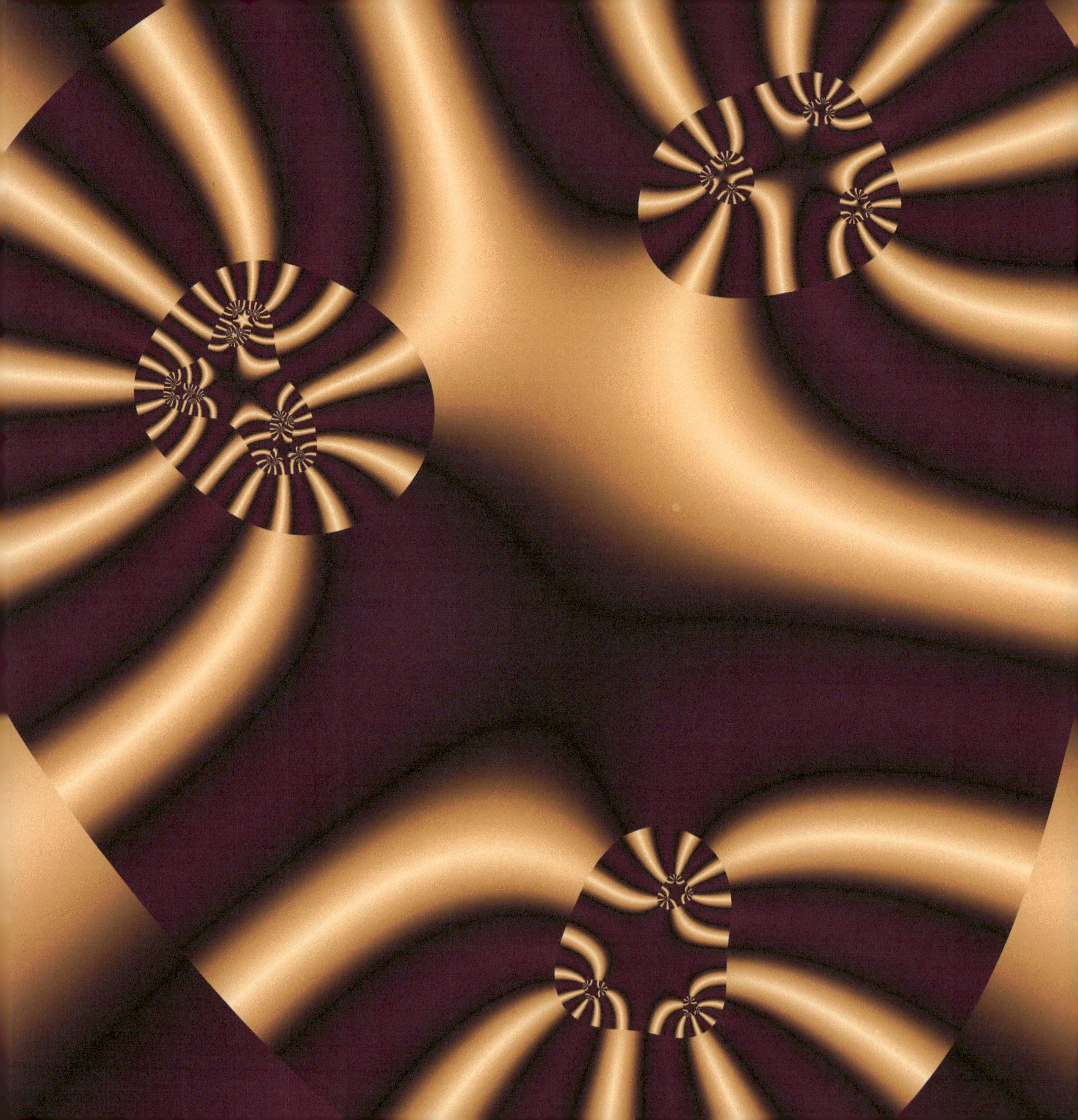

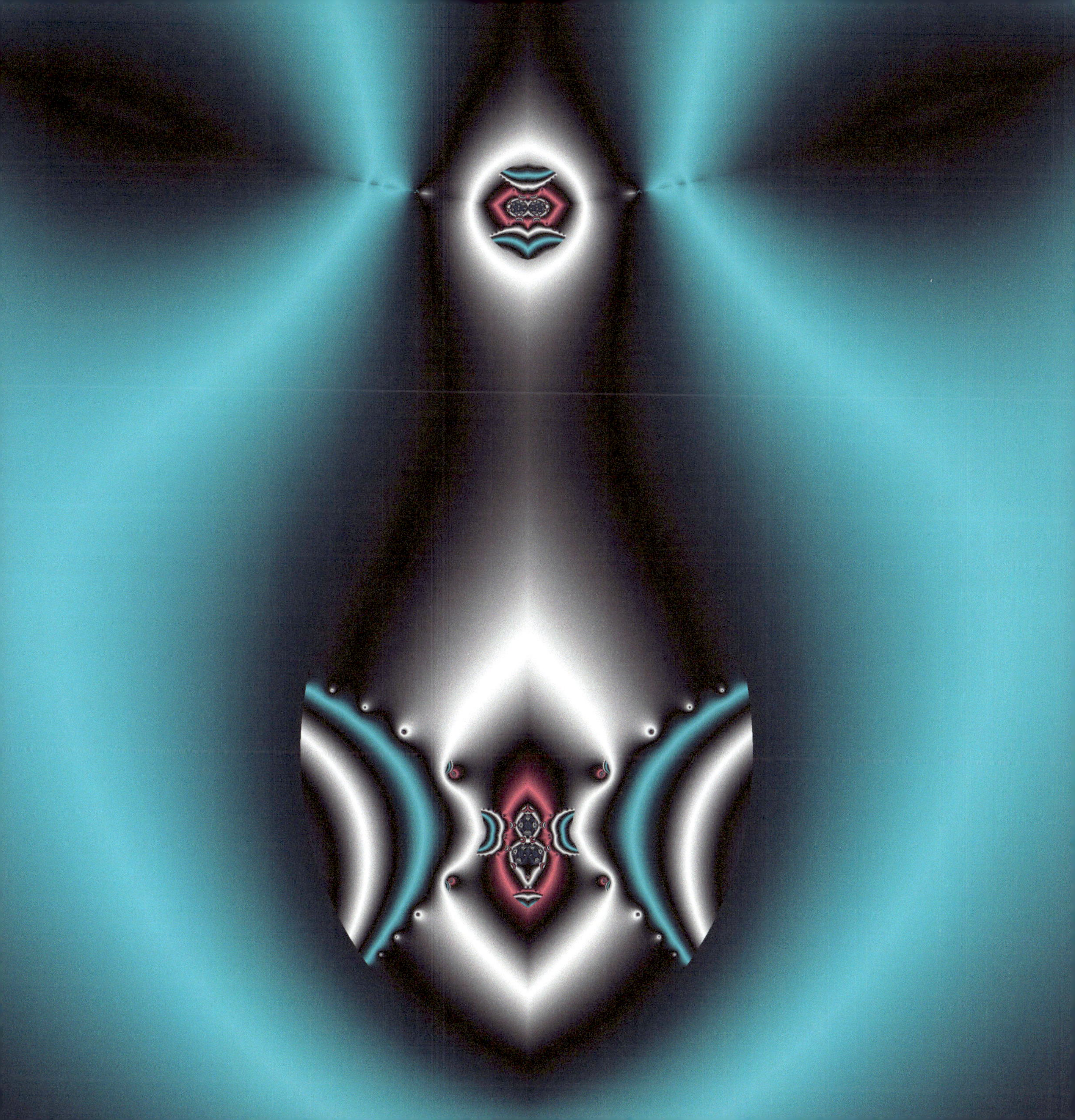

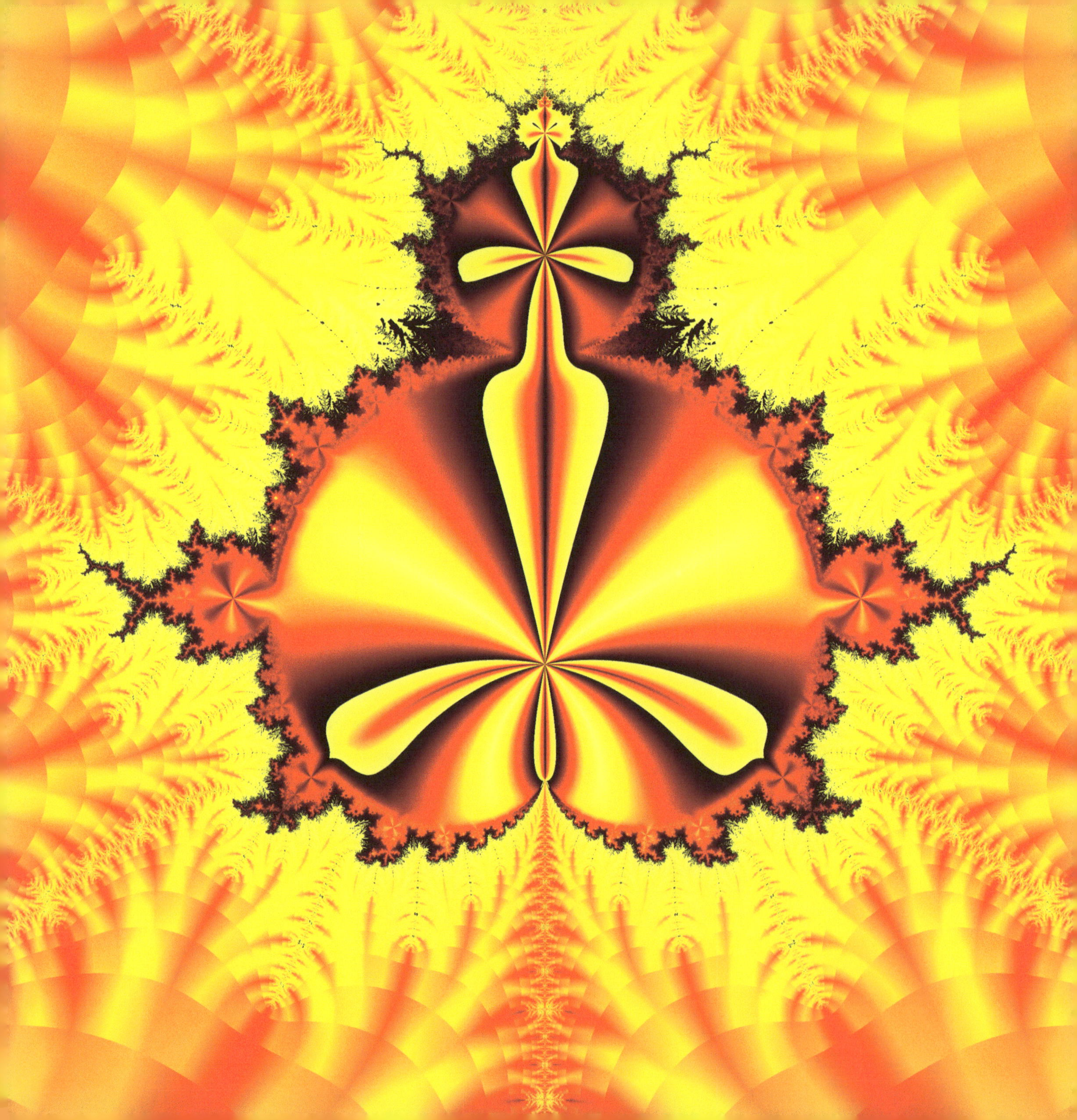

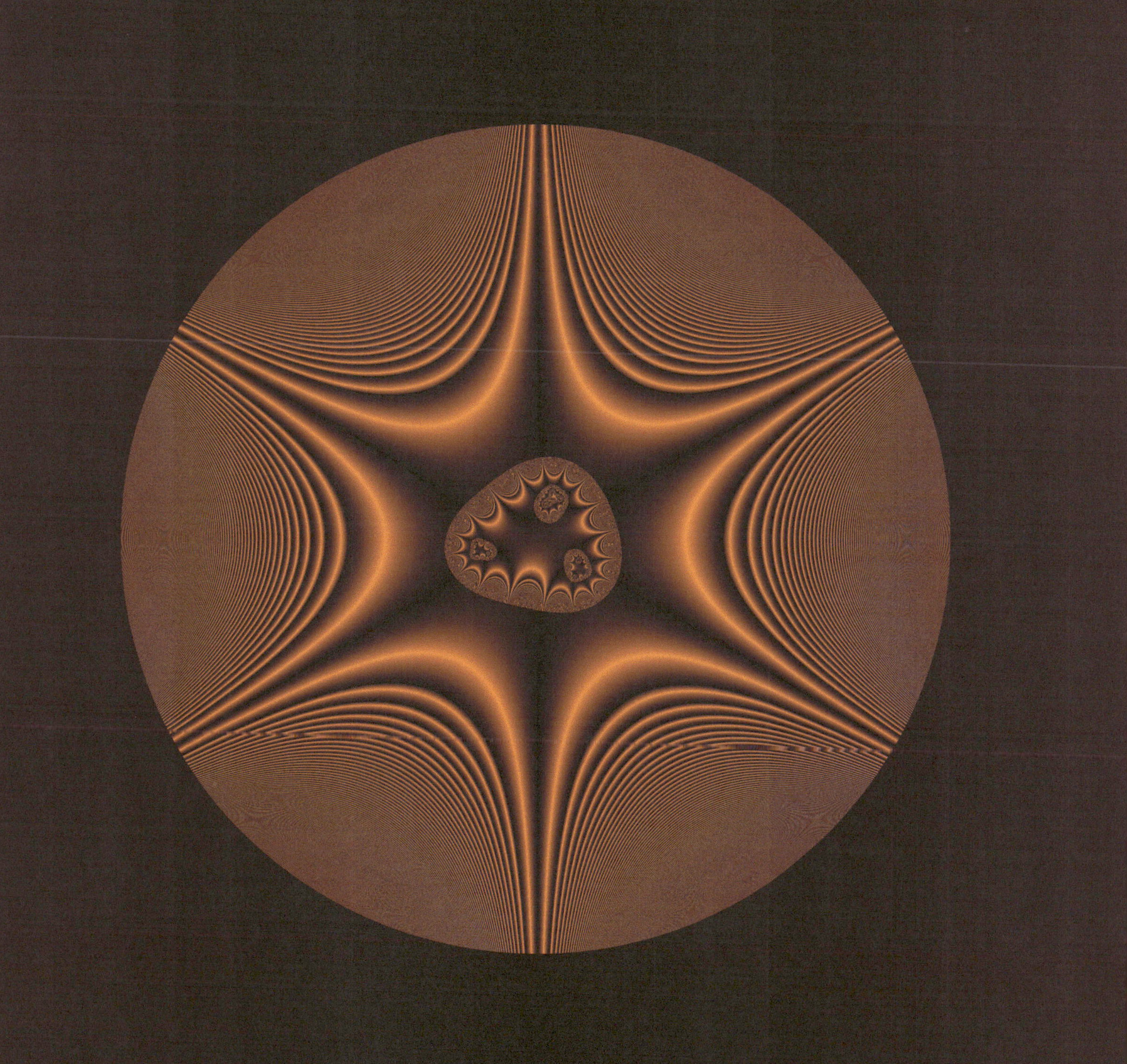

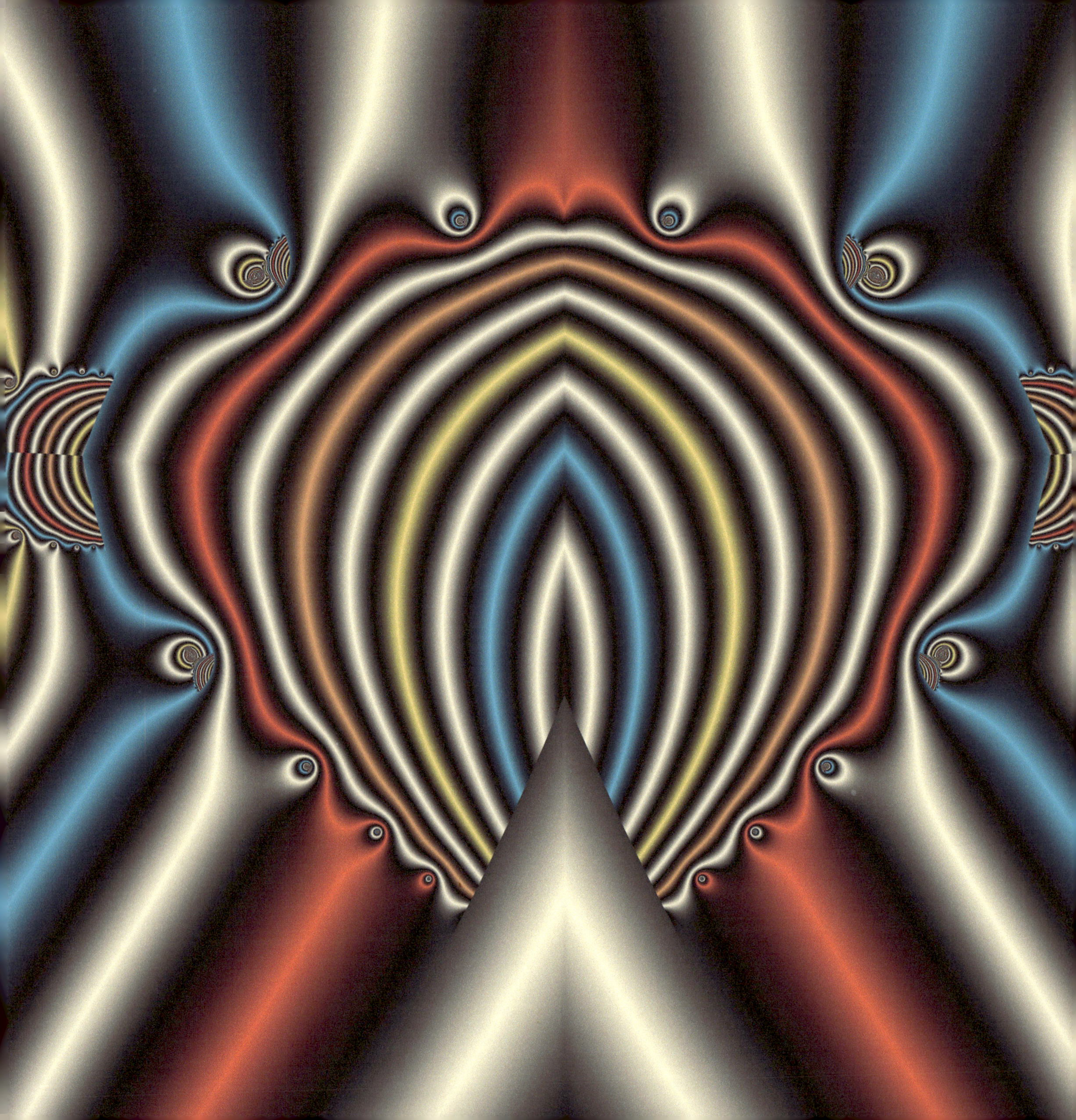

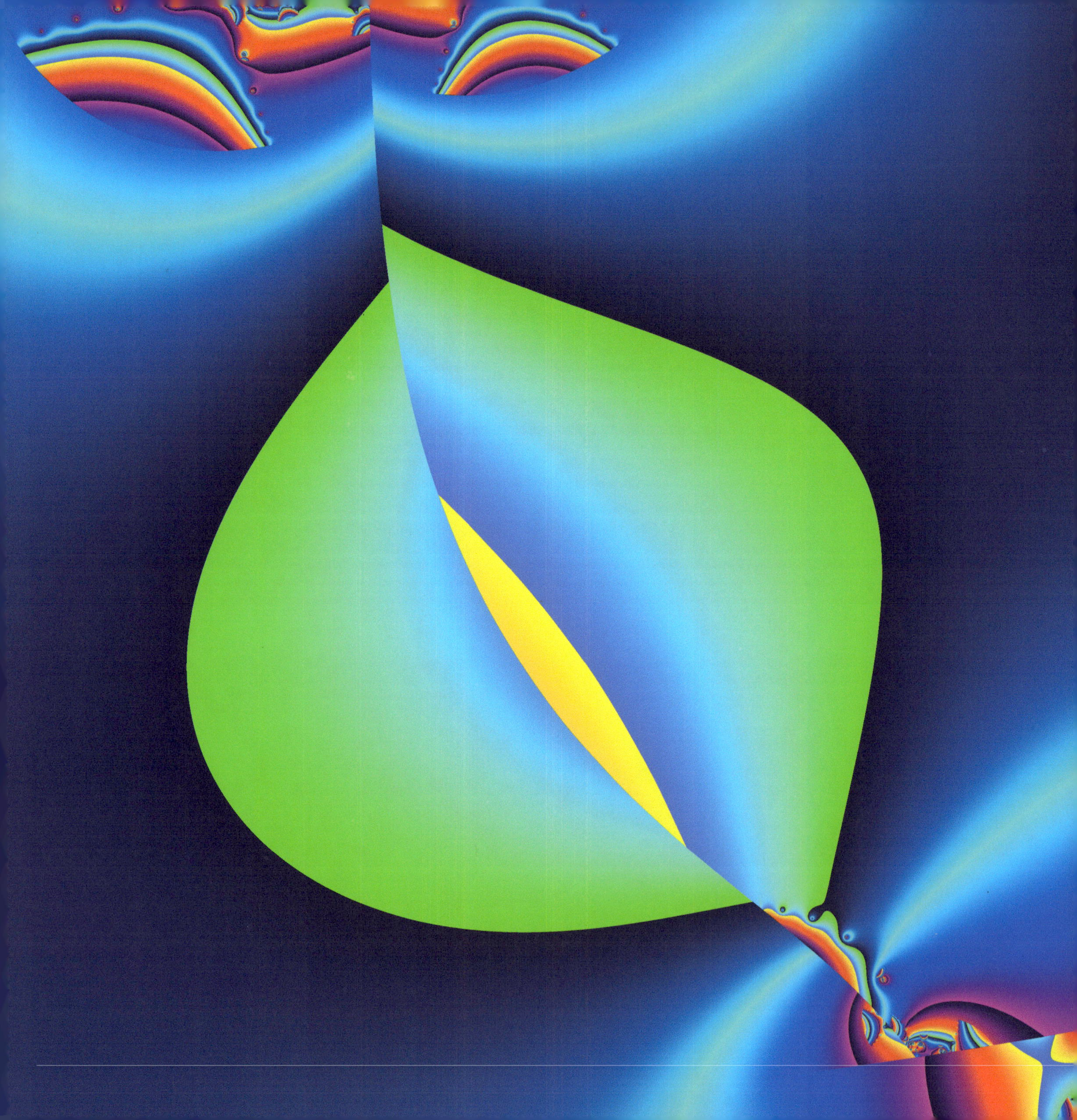

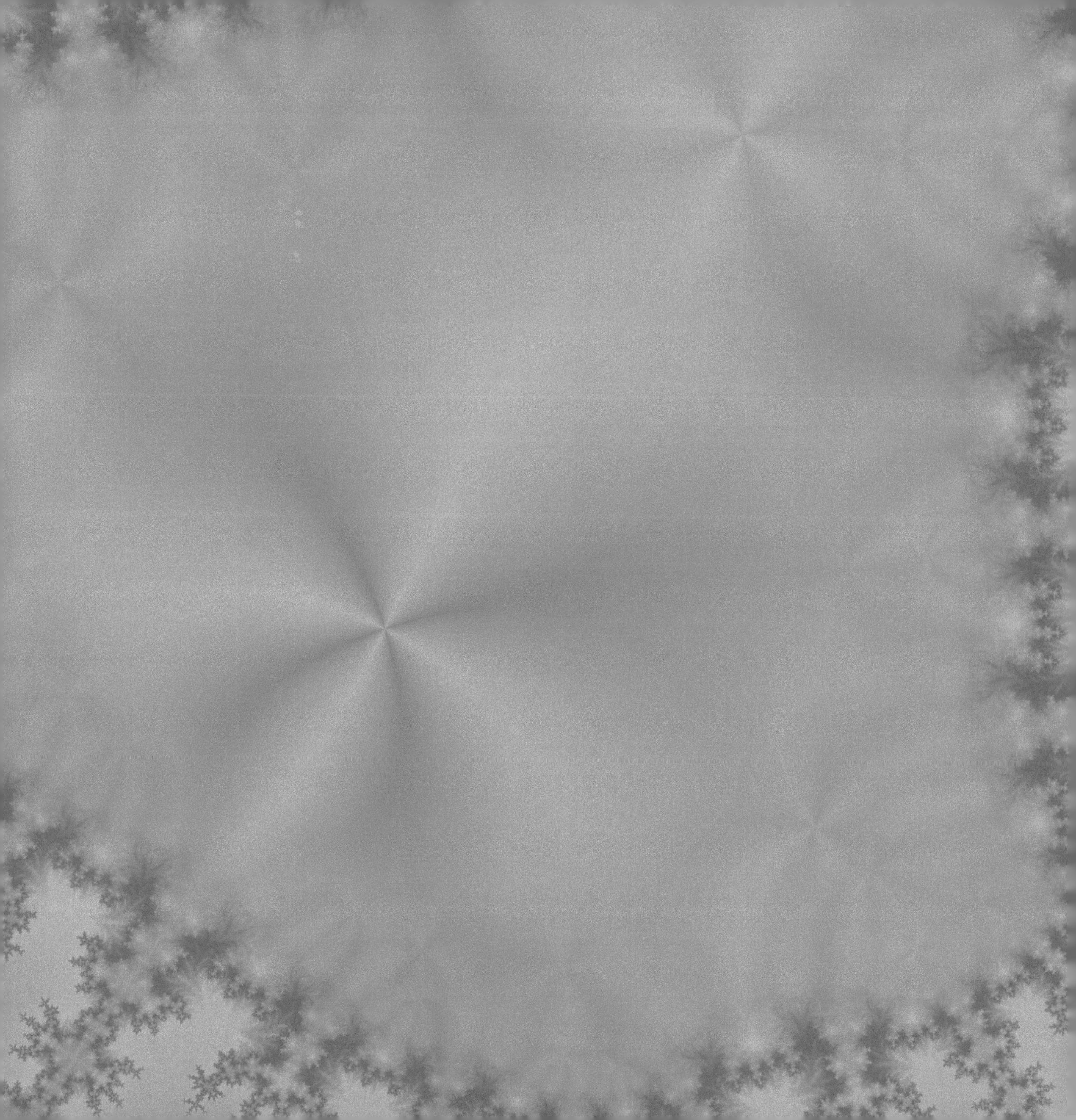

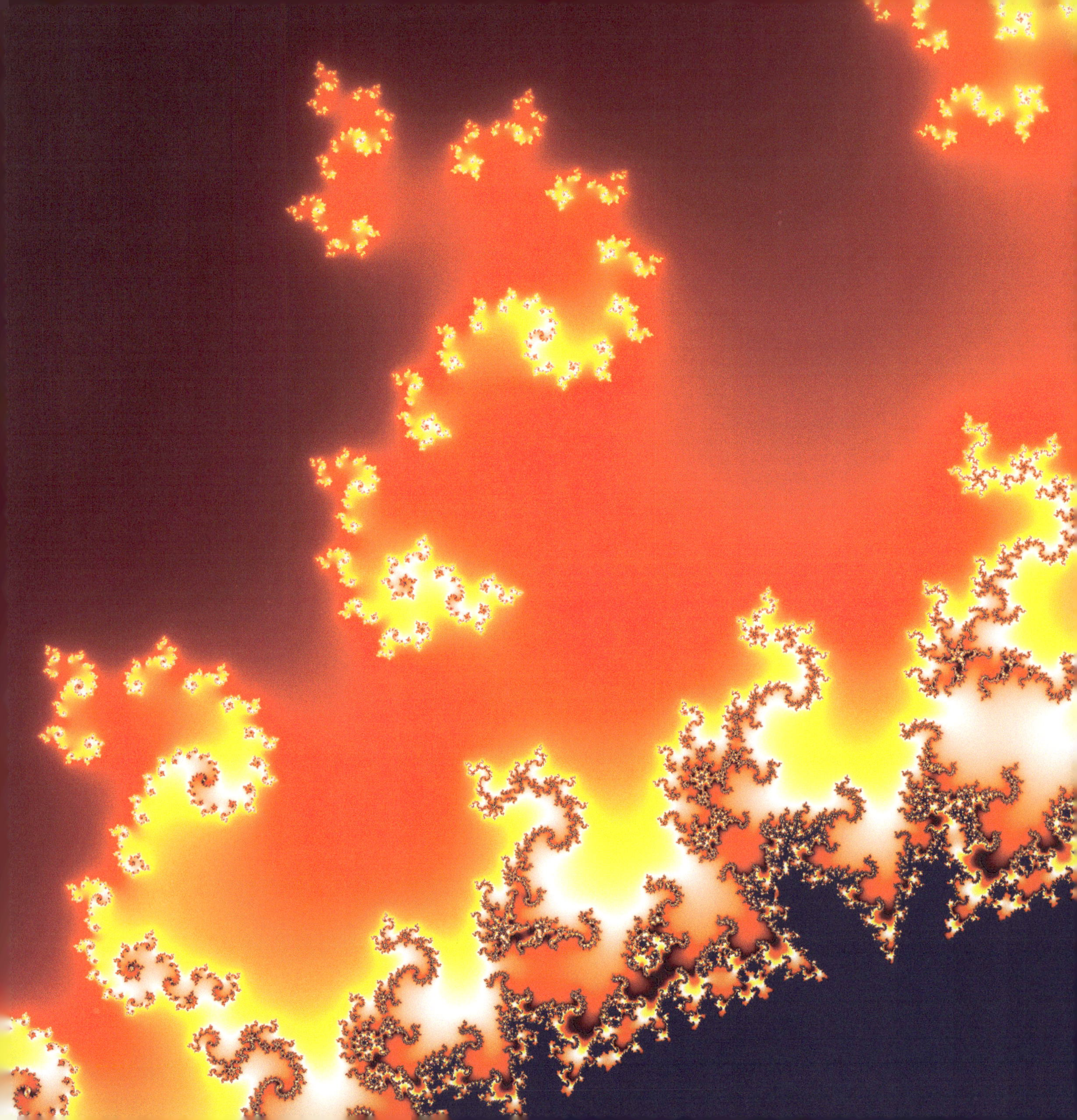

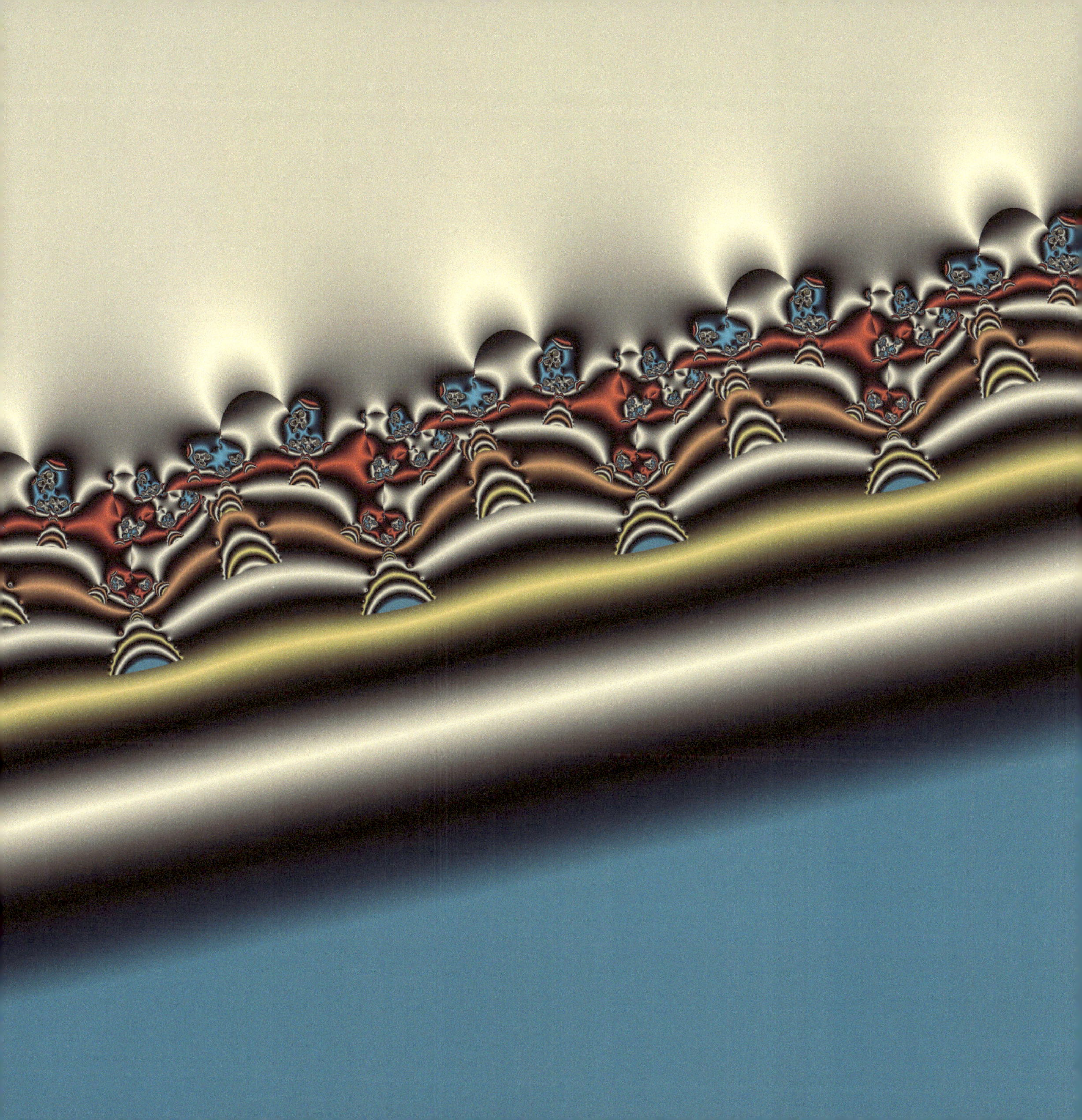

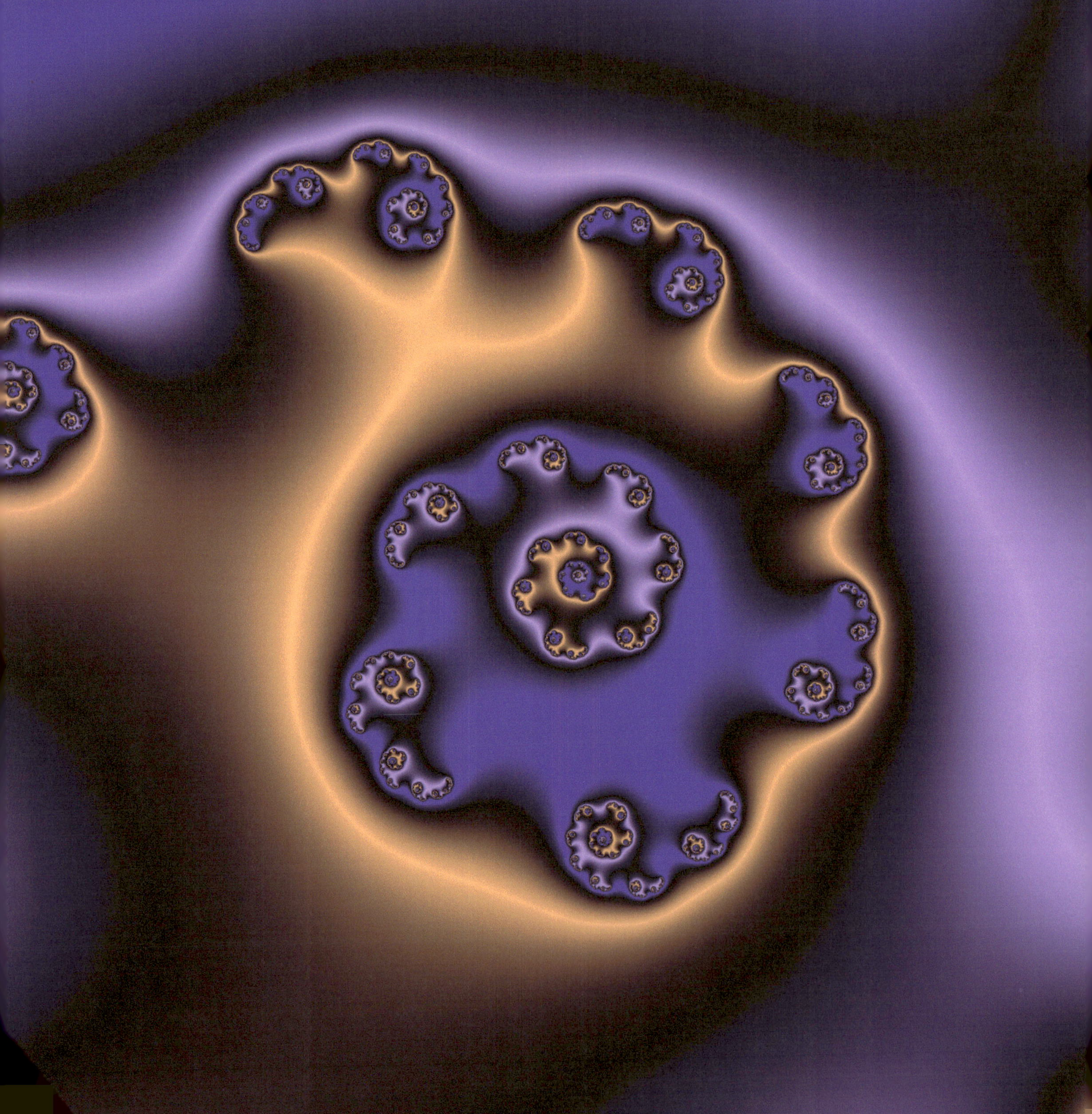

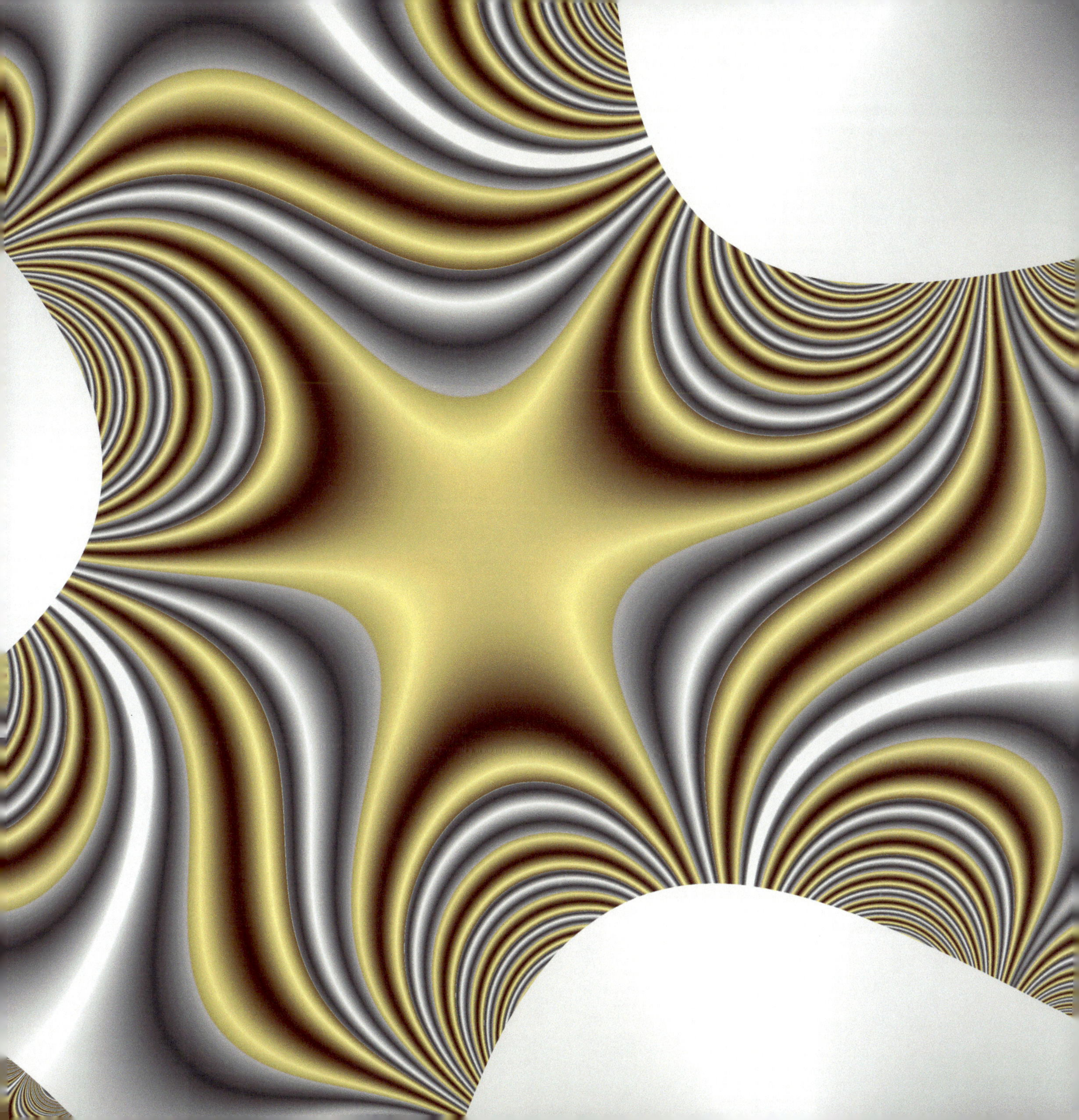

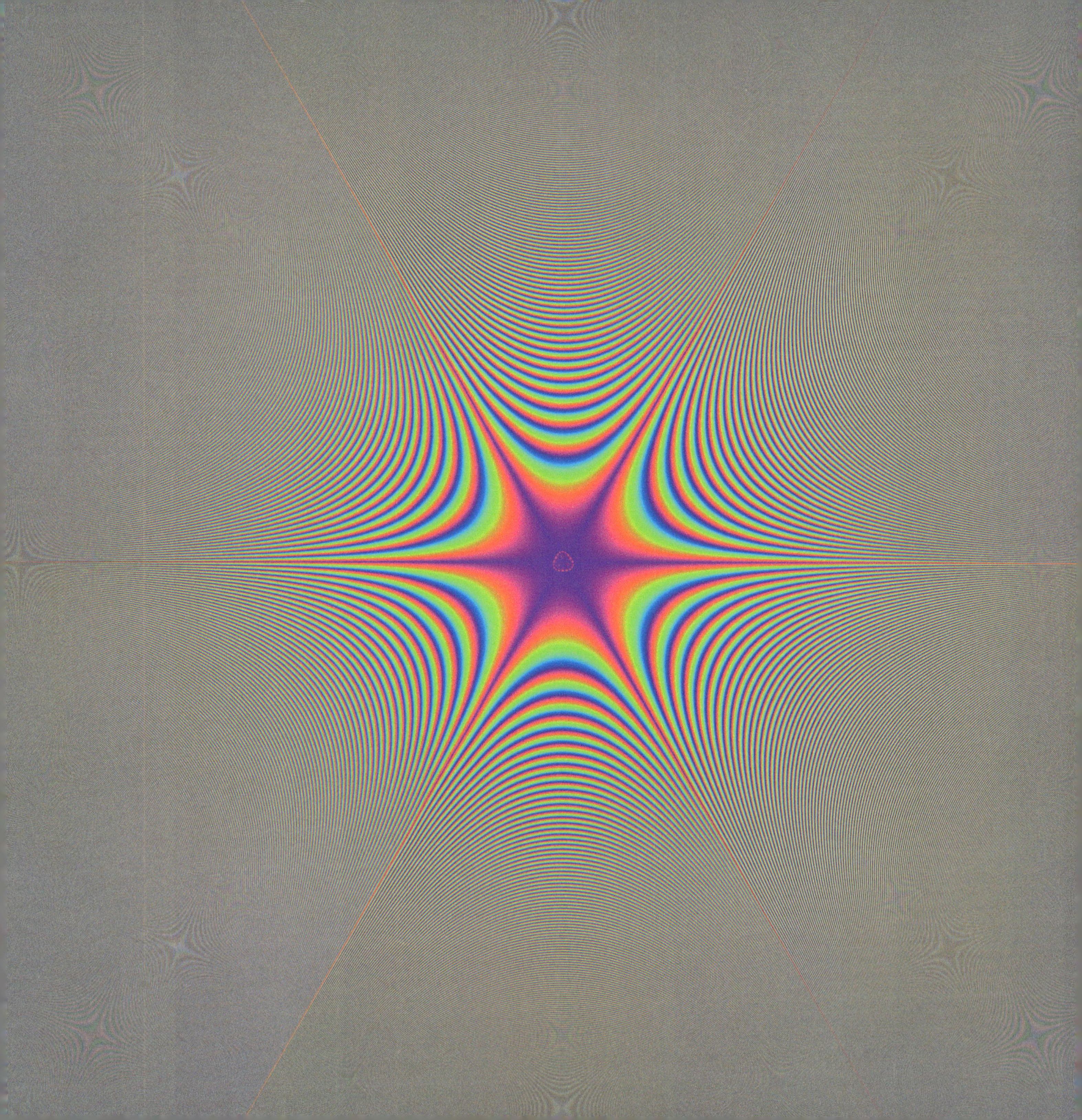

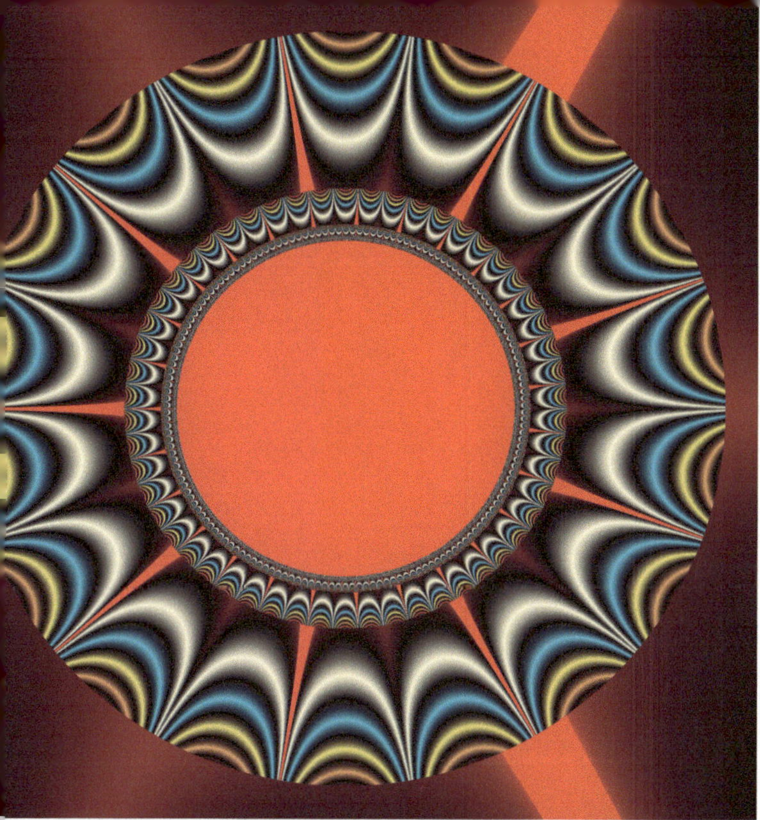

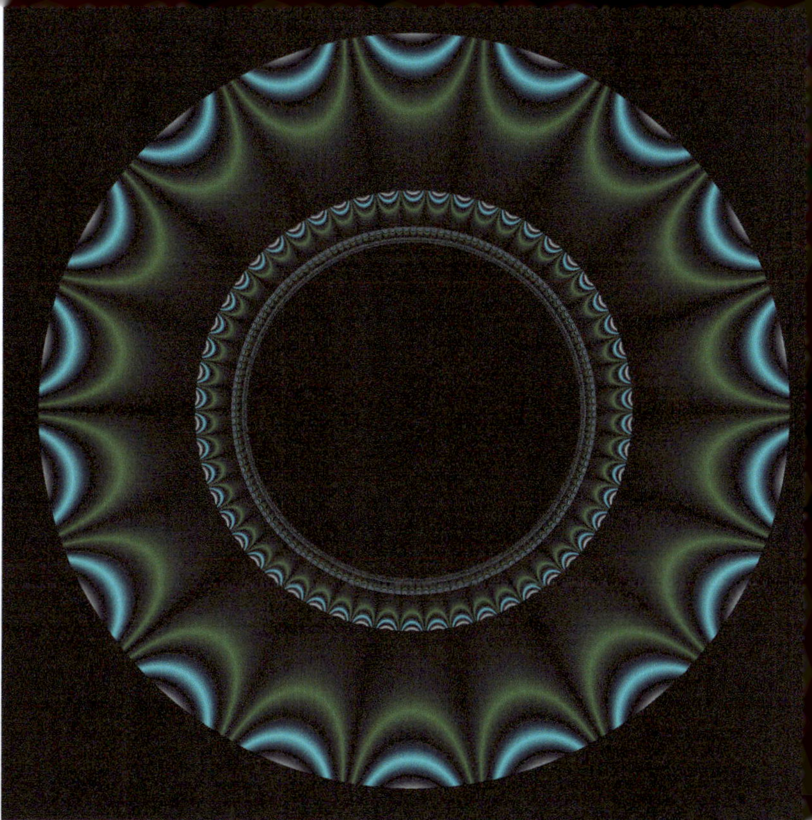

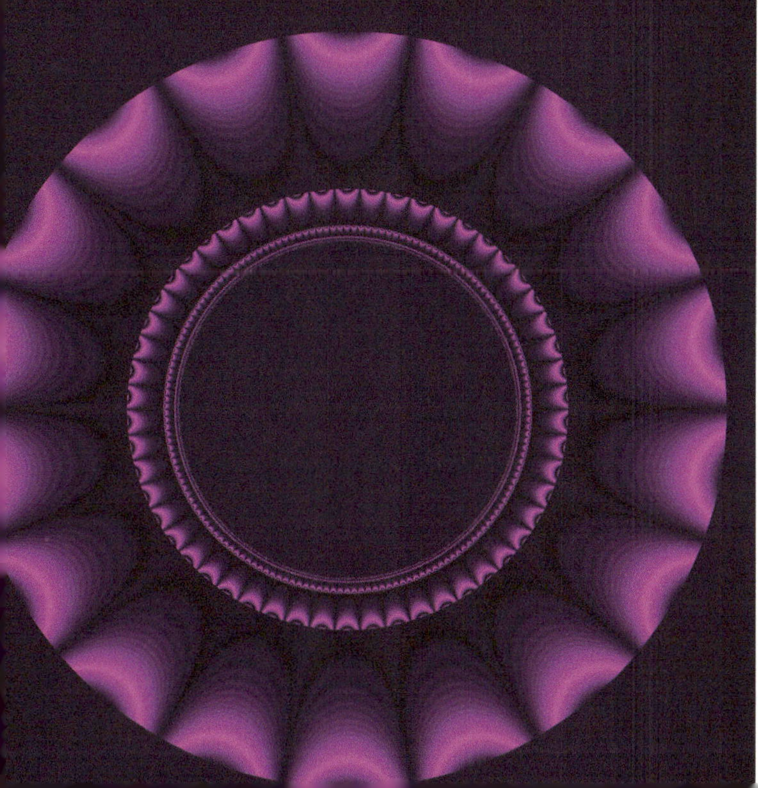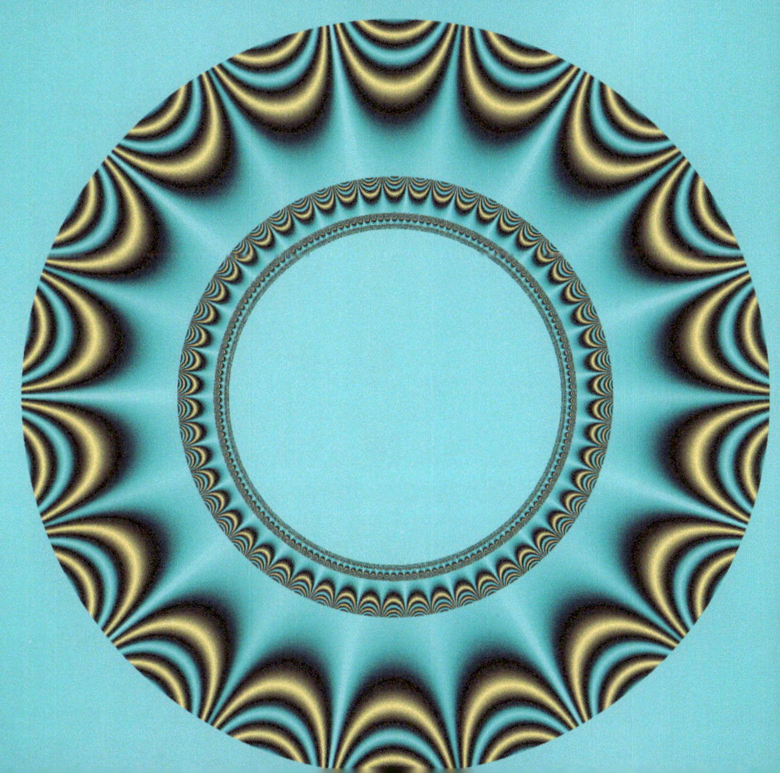

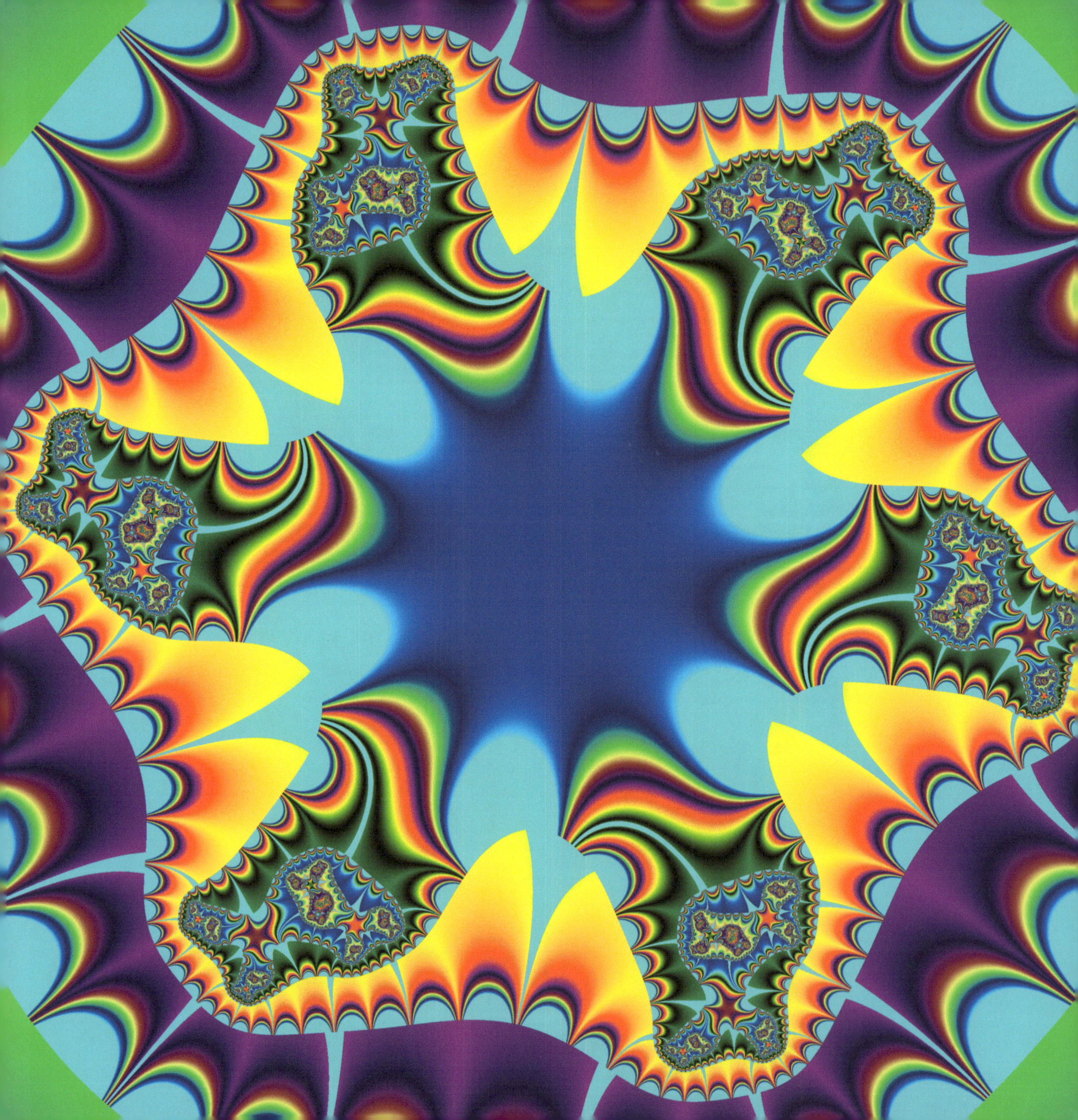